The Secret
Vegetarian Recipes
of the Master Chef

國際素食廚神
傳授 **50** 年
廚藝美味祕笈

洪銀龍——— 著　　洪政裕——— 協力製作

Contents

Part 1
素食主義的必學常識

Part2
烹調的應用技巧

一、食材挑選與處理—46

二、廚房必學技巧—110

Part3
大師不傳的調味祕法

Part4
素食不傳的烹調祕笈

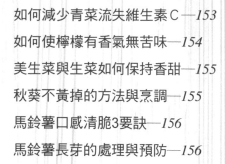

二、烹調篇—176

1、油溫的控制—176

2、蔬菜類—180

Part5
國際素食廚神健康美味料理

結合理論與實務，精進廚藝的技能

沈松茂博士／社團法人中國餐飲學會會長

隨著時代的改變，現代人為了健康、養生與美容的緣故，素食儼然成為老饕們的新寵兒，而且素食料理隨著烹飪手法的改變，以及健康料理方向的調整，菜色也不斷地推陳出新，近年來更邁向國際化。

為了滿足每一位想學習健康素食料理的讀者，洪銀龍大師特別將獨特的料理技巧與50年的烹調經驗呈現於此書與讀者們分享，基於健康的考量，掌握「少油、少鹽、少糖、無蛋、無奶」的健康料理原則，讓素食能吃得健康又營養。

《國際素食廚神傳授50年廚藝美味祕笈》堪稱是洪銀龍大師經營素食餐飲近50年的精華集。書中內容陳述簡明易懂的食材前處理、保存技巧、各種烹調基本及進階要領等單元，不僅可以讓讀者了解素食的正確觀念，學習健康的飲食原則，以及如何為食品安全把關，就算是廚房的新手，透過每個單元詳細的教學與說明，也能輕鬆做出精緻的健康素食料理。

如果能夠閱讀洪銀龍大師的新作，才可真正學到素食的烹調技術與知識，從理論與實務兩者並重的方式帶領讀者進入素食美味新殿堂，非常值得讓讀者花時間來學習。我要特別感謝洪銀龍大師，為喜愛素食的朋友們做出無私的奉獻，讓喜愛蔬食者皆能精進廚藝的技能，為愛進廚房，每天都能為家人做出美味又幸福的健康料理。

認識各種蔬食，精進廚藝，吃出健康

黃淑惠／癌症關懷基金會董事＆郵政醫院營養師

　　大家都知道慢性病是影響國人健康的主要原因，探究這些慢性病（高血壓、高血脂、高血糖、痛風、肥胖）的成因不外乎是飲食中過度的使用油、鹽、糖和加工品，導致膳食纖維及一些必須營養素都攝取不均。因此近年逐漸吹起了養生素食風潮，希望經由提高全穀種實（全穀：糙米、胚芽米、紅藜之類，種實：紅豆、綠豆、花豆、扁豆之類）和各式蔬果的攝取，達到改善身體促進健康的目的。

　　素食又分奶素、蛋素、蛋奶素、植物五辛素和純素，其中又以「純素食」最難做到均衡飲食，因為很容易忽略了如何從不同植物性食物做互搭來提高蛋白質的質地和利用率，因此造成蛋白質不足或微量維生素、礦物質缺乏現象屢見不鮮。另一方面也會因依賴過度的調味或使用加工品而造成身體負擔。但是如果能正確認識各種蔬食的營養特性，並懂得如何互相截補營養來達到營養均衡，純素食事實上是可以吃得很健康的。

　　很高興「素食界廚神」洪銀龍老師為了純素食的朋友們提供了這一方面資訊管道，將這些專業知識化為文字成就了《國際素食廚神傳授50年廚藝美味祕笈》這本書，書裡面將各種植物食材特性、選購和保存方法都做了詳細解說，甚至連廚具的選購、保養使用都條列說明，最令我驚艷的是洪老師竟然不藏私的將各種天然食材調製而成的一系列（中、日、西、韓、南洋）等醬料做法一次公開，這對素食者而言不啻為一大福音。

　　素食要好吃調味很重要，因為許多蔬食本身味道都偏淡，端看料理者如何調味。洪老師善用天然辛香料和特殊氣味植物開發出多種醬料和調味料，並搭配天然植物食材設計出多達108道的純素食料理食譜，即使是素食初學者，相信只要閱讀本書依照作法研習，一定可以準備出一桌美味又營養的素食料理。即使不是素食者，也可以藉由此書增添餐桌上蔬食的比例，讓我們的飲食能夠更多全食物更多彩虹顏色，身體更健康零負擔。

愛上全植物性飲食，有效遠離慢性病

黃建勳／台大雲林分院家庭醫學科主治醫師暨安寧病房主任

　　我從大二開始決定茹素，當年父親一度擔心我吃素會營養不良，或是體力和腦力減退，進而影響學業成績，所以和我約定半年的試吃期，沒想到一轉眼已經過了二十六年了。幾年前我的父親因為糖尿病併發症走了，而我成了台大醫師，兼業餘馬拉松跑者，雖然現今年近半百，也沒有高血壓或糖尿病等慢性病。感謝當年父親開明慈允，讓我如今養成健康的飲食習慣，身心也一直保持在最佳狀態！

　　現在養育全素小孩是我的生活日常，我發覺只要從小吃素，小朋友對素食的接受度相當高，他們從來沒有便祕或胃口不好的困擾，而且還是幼稚園裡身高最高的小孩，也是游泳隊的小健將。很多父母很苦惱小孩子一口青菜都不吃，或是逼迫小孩吃更多的肉，卻越養越瘦小，他們一定很難想像我的小孩愛吃一大盤青菜，還有五穀粥！

　　或許身邊有不少醫師對素食者的營養仍有負面評價，這點我也不意外，畢竟許多醫師的飲食習慣並不健康，慢性病也不比一般人少，更遺憾的是不論美國或台灣，醫師幾乎都不再修營養學的課程了，所以只是用過時的營養學觀念在衛教民眾。

　　其實，飲食是文化的一部分，卻也是一種生活習慣。只要找對方法，一定可以讓你愛上全植物性飲食，而且不用犧牲口腹之欲。如果您不知道從何開始，洪銀龍大廚的《國際素食廚神傳授50年廚藝美味祕笈》將是您最佳選擇！

素食藝術，健康創意並進

楊朝祥／佛光大學校長

素食界的「廚神」洪銀龍先生，熱愛健康美食、致力於素食料理的推廣與創作，將素食當成藝術品，為素食創造多層次色、香、味的提升。除了在國內介紹素食外，亦親往各地將其健康美味推廣至菲律賓、馬來西亞、日本，以及海峽對岸，讓台灣素食的觸角不斷延伸與拓展。

他的廚藝廣受肯定，透過媒體東森〈食全食美〉、中天〈冰冰好料理〉、台視〈哈林國民學校〉、三立〈鳳中奇緣〉、人間衛視〈頂極鮮煮藝〉、大愛電視台〈現代新素派〉等廚藝示範，讓人見識一道道精湛的素食佳餚。又如廣播，包括臺北電台〈素食好看〉、勞工教育廣播電台〈綠色廚房〉等節目，透過「空中廚房」，讓聽眾擴增實境、大飽「耳」福。

洪銀龍先生為台灣第一家素食餐廳的金牌大廚師。他開披露50年家傳的調味祕法與烹調祕笈，不私藏的透過本書分享給讀者，真是難能可貴。書中精心設計素食新品味、廚具的選擇與保養、食材挑選與處理等單元，更教導讀者簡易的烹飪技巧。

宜蘭佛光大學由星雲大師創辦，屬人間大學，並不限制教職員學生們葷食與素食。五年前，設立國內外第一個「健康與創意素食產業學系」，引導社會重視自身健康與保護地球健康，培育創意素食人才，發展健康素食產業成為世界潮流。

洪銀龍先生是產業界的「健康與創意素食」專家，我們學術界則培育產業界未來所需之「健康與創意素食」人才，若有機會產學合作，將是最佳組合。如今產業專家不藏私公布所學精華，不但讓高等學府的「健康與創意素食」學子們得以學習，也使得國內素食人口同樣受惠，實屬佳話一椿。特地為序，並恭賀新書出版，以饗讀者。

傳承一生素食烹調技能，
讓人人都能吃到健康素好滋味

洪銀龍／素食廚神、法華素食餐廳創辦人

很多朋友都會問我：「為什麼要吃素食？」

我的回答始終如一：「唯有失去自己的健康，失去不能與家人共同生活片刻，才能深深體驗出生命對於我們的重要性。」，而且隨著時代的改變，現代的素食烹調較著重於「少油、少鹽、少糖」的料理原則，才能吃到營養又能保障健康。

由於市面上的素食書籍種類多，這本書呈現的知識都是幾十年來累積的烹調心得與祕訣，以理論與實務兩者並重的方式，指導讀者做好烹調的基本功，得知各種食物的採買技巧與烹調祕訣，帶領讀者了解素食的正確觀念，學習健康的飲食原則，就算是廚房的新手，透過每個單元介紹，讓各位讀者在家也能輕鬆做出大師級的素食料理。

基於現代人生活忙碌，本書在醬料上面有許多變化，也挑選一些營養價值較高的蔬果製成醬料，非常適合各位在家烹調的素食者，透過各種醬料，讓料理能再延伸出更多的變化性。如果能先將醬料調理好，再挑選好的新鮮食材，就可以在料理上縮短不少時間，增加很多便利性。

本書是以無奶蛋料理為主，如果本身有吃奶蛋素的讀者也可參考看看，為方便各位在烹調時便利，盡量不使用奶蛋來製作，以減少對於奶蛋過敏讀者的困擾。此外，也盡量減少料理動作，讓讀者能夠簡單、快速的完成烹調。希望藉由此書，能幫助各位料理愛好者，彼此互相切磋心得，讓素食的烹調更加多元多變化性，吃得幸福又滿足。

協力製作專文

安心做、健康吃，跨國界無奶蛋素食料理

洪政裕／法華園素食餐廳主廚

　　素食對於我言，是個再熟悉不過的名詞。從小就在餐廳裡看著大人忙進忙出的招待客人，讓每位來消費的客人帶著喜悅與滿足離開，這是對於從事飲食文化的我們來說，是種最大的成就感。也因此看著素食文化在台灣從舊時代踏入新時代的轉變，從一般的宗教素食，轉而變成多元化的健康、環保素的全素時代，是種必要學習的新課題。

　　近年來，因食安問題敲醒每個人對於飲食文化的要求，對每項入口的食材都有著一套自我把關的標準，而本書就是針對料理時，不使用所有奶蛋製品調理，更能作為料理變化的參考，畢竟料理的世界是非常廣闊，希望能透過此書，與大家一同學習以提升我們對於無奶蛋料理的烹調手法及變化性。

　　其實吃素並不困難，本書設計的料理都是針對一般家庭，大部分食材都是在超市就可購買到的，食材本身只要保有新鮮的元素，再加上稍為料理與調味，也能在家作出不輸給店家的料理喔。本書讓我們在追求健康便利的同時，也能為地球盡一份微薄的心力。

Part 1
素食主義的必學常識

一、素食新品味

(Q1 素食的分類有哪些？)

　　一般素食可分為「純素或全素」、「蛋素」、「奶素」、「蛋奶素」及「植物五辛素」等五大類。

❶ 純素或全素：完全不吃任何動物性食物、牛奶及蛋，只食用蔬菜、水果、豆類、菇藻類，不含五辛（指蔥、蒜、韭菜、薤菜、興渠→是指洋蔥）的純植物性食物。

❷ 蛋素：食用植物性食物、五穀、蛋類及其製品，不吃任何動物性食物。

❸ 奶素：食用植物性食物、五穀、奶類及其製品，不吃任何動物性食物。

❹ 蛋奶素：攝取植物性食物、牛奶、蛋及其製品外，不再吃任何動物性食品。

❺ 植物五辛素：食用植物性食物、五穀、奶蛋類及五辛食物。五辛也是植物食物（亦指蔥、洋蔥、韭菜、蕗蕎和蒜頭），不再吃任何動物性食物（肉、魚、家禽類、有殼水生動物、龍蝦、螃蟹、蝦類等）。

❺ 瑜伽素：將食物區分為悅性、變性及惰性。悅性食物（五穀、蔬果、奶類、堅果等）可使身心靈平衡；變性食物（咖啡、濃茶等）吃多會影響身心靈；惰性食物（蛋、菇類等）會讓人疲倦。

（ Q2 素食的材料有哪些？ ）

　　素食的材料除了動物性食物（如雞、鴨、魚、肉、海鮮等）及植物五辛，如蔥、蒜、韭、薤及興渠（青蔥、紅蔥、大蒜、蒜苗、韭菜、韭黃、韭菜花、蕗蕎、洋蔥）等非素食材料之外，大致可包括：

❶ 蔬菜水果類：含有豐富的纖維（促進腸胃蠕動）、葉酸（減少心血管疾病的發生率）、維生素C、維生素E及胡蘿蔔素。

❷ 五穀根莖類：主要在供應醣類、蛋白質及維生素 B。年輕人可以多攝取這類食品。但其中因含有豐富的澱粉，老年人則應以適量，並減少攝取為原則。

❸ 豆類：擁有豐富的蛋白質、纖維，但脂肪含量低，不過大部分的豆類缺乏含硫的胺基酸，所以必須搭配五穀類的食物。

❹ 菇類：具有高蛋白質、高纖維質、低熱量與低脂肪的優點，即使加熱後，營養成分也不會被破壞，而且容易被人體吸收。

❺ 海藻類：含有豐富的礦物質，如鈣、鐵、鈉、鎂、磷、碘等，可維持身體的酸鹼平衡及增強人體免疫力，是理想的保健食物。

❻ 堅果類：雖然含有豐富的脂肪，但大部分都是單元不飽和脂肪酸及次亞麻油酸，可以降低膽固醇，減少心血管疾病的發生。

Q3 如何分辨假食材？

　　市面上的素食產品種類琳瑯滿目，有些製造產商為了要迎合或吸引吃素者，因而在製作過程中可能會添加一些成分，讓素食產品的口感或味道更美味。如何避免買到「黑心素食」，可以採用下列方法來分辨。

❶ 用鼻子聞： 如果聞起來有動物性成分或含化學劑的味道，建議不要採買。

❷ 用眼睛看： 檢查商品是否有GMP良好製造規範標示。GMP可確保商品製造過程的完整性，完全符合食品安全法規，保障消費者的安全。

❸ 用雙手摸： 假如摸起來有黏黏的感覺，代表食物已經不夠新鮮，不要購買。

❹ 安全認證標示： 選擇素食產品可認明GMP、CAS、ISO22000和HACCP等國內、外的食品安全認證標示。

❺ 產品成分標示： 素食產品成分清楚標示，可食用的食品包裝上，「素食可食」、「素食亦宜」等相關字樣，讓消費者能夠安心正確地採買。

　　除了以上條件之外，建議最好不要選購價格低廉、散裝、標示不清或是口味特別重的食材。農委會特別增訂CAS優良食品素食規範，並且開放業者申請驗證，未來民眾將可以更加安心地挑選素食產品。

Q4 吃素有什麼好處？

　　素食的食材選擇多樣化，如蔬菜、水果、穀物、菇類、海藻類等，每日攝取天然的食材，均衡又營養，補充身體所需的能量。吃素的好處分為以下幾點：

❶ **預防及改善心血管疾病**：由於植物性食物都不含膽固醇，因此，可以減少血心血管疾病的罹患率。另外，素食可以降低飲食中的飽和脂肪酸和血脂肪。

❷ **減少高血壓發生率**：只要在飲食中多攝取大豆蛋白質，就可以降低血壓；素食者如果能夠多吃蔬菜和水果，增加纖維質和鉀離子的攝取，將可預防高血壓的發生。

❸ **降低糖尿病的發生率**：透過低油、高纖、少精緻的飲食及規律的運動可增加胰島素的運用，穩定血糖值，減少糖尿病的罹患率。

❹ **預防便祕**：由於素食飲食含有大量的蔬菜與水果，這些高纖維食物能夠促進腸胃蠕動，增加糞便的保水性，防止便祕的發生。

❺ **降低癌症的發生率**：素食者因攝取足夠的蔬菜和水果，所以能有效減少食道癌、直腸癌的發生率，而且素食的大豆食物含有植物性皂素可以和膽固醇、膽酸相結合，對於抗癌具有良好的效果。

❻ **美麗肌膚、控制體動**：因為素食中的蔬果含有豐富的維生素A、B群、C及胡蘿蔔素，加上水果中的充沛水分，皮膚會變好是無庸置疑的。另外，如果不選擇油炸的食品，素食大多是高纖維、低熱量的飲食，必能有效控制體重。

Q5 吃素會變瘦嗎？

素食的材料來自於蔬菜、水果、穀物等植物類食材，脂肪及卡路里含量低，且含有豐富的營養素，不但吃的種類多樣化，容易消化，而且食材色彩充滿了鮮活的樣貌，攝取高纖低脂的素食，脂肪不容易囤積在體內，還有一個原因是植物所含的纖維素較高，而且纖維素能增加飽足感，因此不會造成每餐過量的飲食。

由於國內素食仍有部分料理，大多是半採用油炸和重口味的調理，如此可能會攝取過量的碳水化合物，所以想要瘦身的人，建議多使用天然未加工的素食材料，並且要避免過油的烹調方式。

建議要瘦身的人多攝取天然食材的素食。不但可以滿足口腹之慾，也不用再仔細的計算食物中的熱量及脂肪含量。這樣就可以輕鬆達到減肥的目的。

另外，對肥胖的人而言，正確的吃素方法確實會讓身體變苗條，不過要注意飲食的搭配。例如不吃米飯，改以筍類、蒟蒻（有胃腸清道夫之稱）、蔬菜類等有纖維質的食物代替，讓胃產生飽足感，以達到瘦身的效果。

但是，在飲食上如果堅果類攝取較多，就必須減少油的使用量。而熱量及蛋白質若攝取不足，則可以增加全穀類食物或植物性蛋白奶粉的食用。

Q6 素食者易缺乏哪些營養素？

一般素食者如果不食用蛋、牛奶、奶製品，或是飲食攝取不均衡，易缺乏的營養素如下：

❶ **蛋白質**：植物性蛋白質的必需胺基酸含量較動物性蛋白質少且不完整，因此無法達到人體所需的含量，建議穀類和豆類一起食用，因為豆類缺少的甲硫胺酸可以由穀類中攝取，兩者互補才能符合必需胺基酸的需要量。

❷ **維生素**：全素者容易缺乏維生素B2和B12，因為這些營養只有在動物性食物中才有，例如肝臟、腎臟、奶、蛋等，建議可多攝取深綠色蔬菜、豆類、酵素及綜合維生素錠，以補充不足的營養。

❸ **礦物質**：全素者易缺乏的礦物質包括鈣、鐵、鋅。一般最好的鈣質來源是帶骨魚類、奶類和奶製品，為了避免鈣質不足，建議多補充豆類、豆製品、芝麻、深綠色蔬菜或是吃鈣片。

鐵質最好的來源是多食用乾豆類（紅豆、黃豆）、乾果類（紅棗、葡萄乾）、全穀類（全麥、胚芽）或深綠色蔬菜。

素食者體內含鋅量較低，原因是植物性食物中的植酸和草酸會與鋅結合，影響鋅在腸道中的吸收率。所以，建議每日適量攝取堅果類，同時搭配全穀類、小麥胚芽、紫菜等食物，如此可以補充鋅的需要量。

Q7 如何成為健康的素食者？

　　素食是能促進並維護健康的一種飲食，但是要如何「素」出健康，建議可採取以下的飲食原則：

❶ 廣泛選擇各種天然的食物，各種顏色、種類的蔬果含有不同的營養素，不可偏食。

❷ 多選擇全穀類食品，例如以糙米、胚芽米取代白米，全麥麵包取代一般麵包等，增加鐵質、纖維質與維生素B群的攝取。

❸ 減少油煎、油炸的烹調方法，少吃高油脂、高糖分的食物，以避免高三酸甘油脂血症、肥胖與癌症的發生。

❹ 全素者可多吃綠色蔬菜、豆類及核果類，並配合全穀類食物，以補充鈣質，提高蛋白質的含量。

❺ 多攝取維生素C含量高的水果，例如柑橘類、芭樂、番茄等，幫助鈣質與鐵質的吸收。

❻ 全素者所缺乏的維生素B12可從豆類、海藻、香菇、味噌、菠菜納豆、豆腐、天貝、不含糖衣的健素糖、酵母粉、穀類或綜合維生素錠中補充。

❼ 素食者可採用每天日曬20分鐘的方式補充維生素D，同時也有利於鈣質的吸收。

Q8 如何輕鬆煮出健康的素食？

其實要輕鬆煮出美味素食，只要掌握以下重點就可以在家煮出好味道：

❶ **掌握當季食材**：選購當季時令蔬果，因為符合季節盛產期，通常是較無使用農藥，且病蟲害較少，養分足、口感好，簡單的烹調就可以呈現食物好味道。

❷ **挑選對的油品**：油的種類多，每種油冒煙點不同，應依照烹調法選擇合適的油，如涼拌用橄欖油、金花小菓苦茶油等、拌炒用葵花油、葡萄籽油等、油炸類用紅花大菓苦茶油、椰子油等油品，才能吃得健康美味更安心。

❸ **均衡營養這樣吃**：了解自己每日應攝取各類食物的份量，在餐食設計如每日攝取二份深色蔬菜、一份蛋白質、一份五穀雜糧、一份低糖水果，這樣製作餐點既美味又均衡。

❹ **這樣煮更健康**：掌握素食烹調健康煮的原則是以蒸煮、烤的方式，並要少用油炸，例如：汆燙蔬菜淋入少量油、用少油慢煎取替油炸、清蒸食材可保留食物的營養素、多吃涼拌食材品嚐原味、用中溫加少許的水炒菜、利用香草植物提升食物的美味指數，或添加香料，例如香椿、月桂葉等變化料理層次。

❺ **選對好廚具**：為了烹調上的便利性，增加料理製作的樂趣，例如：利用食物調理機來研磨食材，簡單又快速的的作好餡料，或用果汁機製作美味醬汁，縮短前置作業，使用原味鍋具可以真正保留食材營養素煮出好味道。

二、廚具選擇與保養

一般市面上的炒菜鍋可分為鐵鍋、鋁鍋、不鏽鋼鍋（俗稱的白鐵鍋）、不沾塗鍋層、多層複合金不鏽鋼鍋等，分為單耳和雙耳等設計，建議炒鍋最好選擇為圓拱造型的鍋體設計，可導熱良好且均勻，有效達到節省能源，實心的把手好握卻不會導熱，還有鍋面耐磨抗刮的材質及鍋蓋密合度佳，符合省能源、養生及環保節能的概念，才是真正好炒鍋，同時也能提升原味健康煮的特色。

保養

1️⃣ 全新的鍋子不可直接使用，因為鍋子出廠前，內部會塗上一層保護油，所以購買不鏽鋼鍋，必須先用適量的白醋水加熱煮沸，取紙巾擦拭乾淨，再用洗潔劑洗淨，燒一鍋滿水煮沸，即可使用。

2️⃣ 炒鍋使用完畢，可先將鍋子洗淨，再用小火燒乾水分，如此可延長鍋子的壽命。

3️⃣ 如果鍋子出現黑垢，只要在鍋中加入滿水、蔬果皮或鳳梨皮，以大火煮20分鐘，再用清水洗淨，即可除去污垢。

4️⃣ 不鏽鋼鍋養鍋法：鍋子洗淨，擦乾水分，冷鍋入油加熱至起油紋，靜置８小時。

02 平底鍋的選擇與保養

平底鍋又分為不沾平底鍋和不鏽鋼平底鍋，材質包括複合金、鋁合金與鈦合金，鍋子分為單耳與雙耳、有蓋與無蓋、淺鍋與深鍋、單柄與長柄等設計。

鍋身與單柄不導熱的金屬把手（鍛造不鏽鋼材質）一體成型，耐用又牢固，且容易清洗乾淨，傳熱快速均勻，不會黏鍋，可以簡單煮出食物本身的原味及保留較多的營養素。在選擇上則建議以鍋體、鍋身為醫療級不鏽鋼、多層鋼複合金材質、鍋底厚實、導熱性能佳、鍋能蓋完全密合較佳。

---- 保養 ----

1. 平底鍋的保養方式與炒菜鍋相同，如果表面出現黏鍋的現象，主要的原因可能是油放太少或是熱鍋時間不夠長，這時可將鍋子先泡熱水再煮一次，即可輕鬆刮除。

2. 平底鍋如果燒焦了，可將鹽直接倒進鍋裡，以小火乾炒，等到鹽變成黑色後用紙巾擦掉，再以清水洗淨、燒乾。

3. 清洗的時候，要注意是否可以使用鋼刷或硬質的菜瓜布，以免刮傷表面材質。

砂鍋是用砂質陶土為材料製作而成的鍋具，因此保溫效果好，砂鍋的容量差異頗大，範圍介在兩百至三千五百毫升之間。建議挑選耐高溫、質感愈粗糙者愈好，這樣煮熟的食物就比較不容易冷卻，保鮮效果佳。

另外，砂鍋的種類很多，大小深淺都有不同的用途，無鍋蓋與有鍋蓋（透明或非透明），雙耳砂鍋、單把砂鍋等設計，挑選砂鍋必須要注意鍋蓋與鍋身的密合度，材質有無裂縫（可輕敲鍋身，聲音清脆表示品質較佳）。目前的最新產品為紫砂鍋，紫砂是一種純天然陶土，含有多種人體所需的元素，包括鐵、碘、銅、鈣等，因此，售價比一般砂鍋高。

保養

1 為了讓砂鍋在加熱後不容易龜裂，買回來時就可先將砂鍋清洗乾淨，再用清水或洗米水浸泡一夜後熬粥，讓米漿液滲入材質中，以增加材質的堅硬度。

2 可先把新鮮的食物、水放入砂鍋內，再用爐火煮開，如此可延長砂鍋的壽命。若將煮開的食物直接倒入空的砂鍋內，則易產生裂痕。

3 食物起鍋後，必須等到鍋身降溫後才可清洗，否則冷熱之間會造成砂鍋破裂。另外，清洗砂鍋後要馬上擦乾並晾乾，然後塗上一層沙拉油保養鍋面，切勿將砂鍋浸泡於污水中，如此可避免砂鍋發霉。

4 發現砂鍋產生裂縫就要停止使用，以免烹煮的過程中產生災變。

04 電鍋、電子鍋的選擇與保養

電鍋主要採隔水加熱的方式，讓食物不會翻滾碰撞來保存營養。通常電鍋都具有蒸、煮、滷、燉、保溫等功能，但建議不要保溫過久，以免流失食材水分。

電鍋的外觀造型分為復古與新穎，容量最少3人分，最多16人分，一般內鍋及外鍋均有鋁合金材質和不鏽鋼兩種，現在更增加全不鏽鋼電鍋，也就是外蓋、內鍋、上層鍋、內鍋蓋、蒸盤都是不鏽鋼材質。挑選時可選擇不同的色系與造型，以及有自動保溫設計、內鍋不鏽鋼等較佳，同時須注意外觀是否有刮痕或碰撞。

電子鍋採底部加熱法，可蒸食物、煮飯、煮粥，保溫效果佳。電子鍋大多設有微電腦控制、自動保溫及預約裝置、自動捲線、溫度保險絲、自動斷電與防空煮裝置等，3人分至20人分均有。

保養

1 電鍋或電子鍋在清洗或保養前，一定要先將插頭拔掉，外表保養切勿使用酒精、松節油或汽油，只要用沾有清潔劑的軟布除去污垢，最後再用乾布擦拭乾淨即可。

2 內鍋、飯匙或飯匙盒只需用海綿或軟布清洗，以免刮傷表面。鍋體內部如果有髒污，建議等冷卻後，再擦拭。

3 使用電子鍋煮完飯後，必須將內蓋取下清洗乾淨，才不會影響米飯的味道。

05 湯鍋的選擇與保養

　　湯鍋有單把和雙耳兩種，外觀包括椰型、圓型及流線型，鍋蓋又分透明與非透明。建議挑選不鏽鋼（304/18-10）、多層鋼複合金的材質、一體成型無接縫製作，把手為實心不鏽鋼鍛造手把完全不導熱，防燙握柄設計、鍋蓋密合度高，具有360度循環均勻導熱的效果，可以快速煮熟，保留食材的原味及營養。當食物煮沸蓋住鍋蓋之後，保溫效果長達3～4小時，非常省能源。

保養

1️⃣ 建議以中小火烹煮，且不要空燒，如此才能保存食物的營養而不流失。

2️⃣ 每次使用完之後，只需用海綿沾中性洗潔精，輕輕將污漬洗乾淨，再用抹布擦乾或自然風乾，不要使用硬質菜瓜布或金屬絲刷洗，以免造成不鏽鋼的表面刮傷。

3️⃣ 不鏽鋼湯鍋使用一段時間，如果鍋身表面出現一層霉狀物，或是外鍋層燒變淡褐色，可以使用軟布沾少許的去污粉或專用的酵素潔淨粉擦拭清洗，即可讓鍋身恢復原始的光亮。

06 銅鍋的選擇與保養

銅鍋具有快速導熱的特質（其導熱速率亦是不鏽鋼的10倍）。銅鍋是現代人追求烹調精準度的工藝代表鍋具，可應付急冷與急熱的特性，備受專業中西餐及烘焙師的肯定，一般家庭也都相當適用。

銅鍋的材質可分為全銅製及合金材質。全銅是指鍋體完全使用銅製造，質純而厚重；而合金材質則是內鍋採用304不鏽鋼，外層採用銅材質打造呈現不同紋路的極細緻工藝，其導熱及保溫效果佳，亦是講究精準烹調不可或缺的鍋具。

保養
---

1. 第一次使用銅鍋前及日常烹調後，請用熱的肥皂水搭配海綿（禁金屬刷具）洗淨，用乾布擦乾。

2. 由於鍋體外層為純銅材質，若表面產生紋路或局部霧狀的氧化，此為正常的現象，而非瑕疵，請安心使用。

3. 清洗銅鍋要使用中性洗劑，禁用漂白水或強效清潔劑。如果使用時，出現食物沾黏的現象，可用熱的肥皂水浸泡，並沖洗。

4. 若商品使用一段時間發現表面產生氧化現象，可使用市售銅油清潔保養。若無銅油也可取檸檬沾少許的細鹽，以畫圓圈方式輕輕拭除氧化的痕跡，再用清水沖洗，立即擦拭乾燥，即可恢復光亮如新。

07 燜燒鍋的選擇

　　燜燒鍋是利用長時間的燜煮，來達到烹調效果，不僅安全性高、可維持食物的原味，同時還具有保熱和保冷的功能。一般分為內鍋和外鍋，均為不鏽鋼材質，內鍋用來盛裝食物並加熱，外鍋是用來保溫。

　　燜燒鍋可幫助食物入味，又不會讓食物變得太鹹。只要將剛煮沸的食物放進燜燒鍋裡面，透過良好的隔熱效果及長時間保持高溫，就可以將食物煮熟、燜至容易入口。

08 微波爐的選擇與保養

　　微波爐依電力強度可分為微波、酥烤、商用、烹調、烘烤等不同用途，市面上的轉盤有兩種，一種是在微波爐底部的活動轉盤，另一種則是在內壁上方的盤架，活動轉盤才能讓溫度分布均勻。

　　現在微波爐大多為變頻式，並且具有感應自動烹調、電腦語音、火力調整、兒童安全保險鎖的功能，爐門設計有按壓式和側拉式兩種，材質分為不鏽鋼和陶瓷板。

　　挑選的時候要注意微波外洩量是否通過CNS國家檢驗標準，通常七百瓦以上的微波爐才可以烹調生鮮食物，同時要考慮微波爐的容積大小和高度。

　　另外，轉動式的儀表板故障率低，但時間計算容易有誤差，而按鍵式儀表板的時間設定比較精確。一般而言，如果想要省電，建議挑選輸出功率較大為佳。

保養
---

1. 放入微波爐的烹調器具，最好選用耐高溫的陶瓷或玻璃容器，不能有金屬或鋁箔含量，否則會產生火花，也不可使用水晶玻璃，以免造成破裂。至於紙類製品只適用在麵包及包子的加熱，時間不宜過長；保鮮膜則要挑選耐高溫（一百三十度以上）的微波爐膠膜。

2. 微波爐使用完畢後，可用軟布沾中性清潔劑或溫水擦拭內外。如果有殘留異味，可在碗內加入開水，同時滴幾滴檸檬汁或白醋，放入微波爐以低溫加熱兩分鐘，再用棉布擦乾蒸氣即可消除異味，或將茶葉、咖啡渣、檸檬皮放入微波爐內靜置一個晚上，亦可以除去異味。

微波爐去除異味

| 茶葉 | 咖啡渣 | 檸檬皮 |

微波爐不適用容器

塑膠杯	金屬或漆料容器	密封紙盒裝牛奶
鋁箔紙	不耐熱塑膠盒或玻璃容器	帶殼的雞蛋
不耐熱塑膠杯	油炸物	有金屬邊裝飾的餐具

3 微波爐應放在通風良好的地方，前後左右最好各留10公分以上的空間，免得潮濕造成漏電。一旦發現微波爐有受潮的情況，可用電風扇對準微波爐的排氣孔吹風兩小時，以排除濕氣。

4 微波爐的輸出功率較高，所以必須用單獨的插座，不可和其他電器品共用，如果使用延長線，將會造成電力減弱，延長烹調的時間。

09 烤箱的選擇與保養

烤箱分為家庭用和專業用兩種。家用烤箱的容量小、功率較低；專業烤箱的容量比較大、功率足夠、溫度穩定，內部有對流扇旋轉，使食材均勻受熱，節約能源。

烤箱的外觀包括烤漆和白鐵兩種，通常白鐵烤箱的價錢會比較貴，不過在保養上則比較容易，也不易沾染油漬和灰塵。至於烤盤則有固定式平盤和旋轉式烤盤兩種。

建議挑選有火力分段及上下火設計、定時與溫度保護開關、抽拉式置屑盤，且具有除霜、烘焙和燒烤功能為佳。

保養

1. 烤箱買回來後要洗擦拭乾淨，溫度調到250度上下火全開先空烤約10分鐘除臭味，再放入3顆切對半的檸檬再烘烤約5分鐘，以延長使用的壽命。

2. 烤盤如果弄髒，可用洗潔精加上清水沖洗，再用抹布擦乾或自然風乾即可。

3. 烤箱烘烤的過程中，千萬不要使用濕布擦拭玻璃門，因為熱玻璃遇水後會變得脆弱、易碎。

4. 使用完烤箱後，可將蘇打粉倒在污垢處再用海綿擦拭，或用蘇打粉水直接去除油漬即可。

10 抽油煙機的選擇與保養

　　一般市面上的抽油煙機大致可分為漏斗式靜音油煙機、直吸式、隱藏式、標準型與自動清洗型等。而抽油煙機的材質包括白鐵、不鏽鋼、琺瑯、鋁金屬烤漆。

　　建議挑選抽油煙機時，應選擇本體兩側與後緣可向下延伸，形成自然的擋煙牆，以增加吸煙與排煙的效果；並有吸力強、低噪音、安全設計、除油裝置、風速切換、微電腦控制、馬達升溫自動斷電系統等性能。

　　另外，也可以依照廚房的設計，搭配不同的造型，提升廚房的美觀。

保養
---

1. 使用前可在抽油煙機的表面貼上保鮮膜或鋁箔紙，清洗時只要撕下換新即可。

2. 一般白鐵機種的清洗，可使用小蘇打粉或熱的液體肥皂水沾麵粉。

3. 若要去除葉扇的污垢，可以先噴上清潔劑，停留3到5分鐘後，再用菜瓜布或牙刷清洗。

4. 最簡單的保養方式，就是在每次的烹調後，立即將油漬擦拭乾淨，同時在滴油盒中放一張紙巾，或選擇拋棄式免洗油杯，以避免油垢的累積。

11 鍋鏟的選擇與保養

一般常用的鍋鏟有兩種材質，分別為不鏽鋼鍋鏟、矽晶材質鍋鏟和木質鍋鏟。目前市售鍋鏟可分為幾大類，以下推薦的三種材質是較為安全的鍋鏟：

❶ **不鏽鋼鍋鏟**：不鏽鋼鍋鏟優點就是耐高溫、耐刷洗及保養，但相對在使用方式上也要較注意刮傷鍋面的情況。

❷ **矽晶材質鍋鏟**：具有耐高溫無毒等優點，漸漸取代傳統尼龍材質，且因鏟面較為柔軟，在刮取醬汁時是蠻不錯的選擇，只是使用時要注意溫度，一般矽晶材質耐熱大概在250度左右，一般料理方式大多可以使用。

❸ **木質鍋鏟**：最具環保與便利，木質材質因較為天然，在使用上較為安全，只是木材質鍋鏟會因使用久了滋生黴菌的問題，所以大部分木質鍋鏟建議使用一段時間就應該更換，在保養時也注意清洗完後盡量放置在通風處，以保持鍋鏟本身的衛生。

──────── 保養 ────────

1️⃣ 不鏽鋼鍋鏟可用鋼刷清洗，如果沾有水垢，可倒些白醋除垢。

2️⃣ 矽晶材質鍋鏟不能靠放在鍋緣，以免遇熱變形。清洗時須用肥皂水浸泡除去油漬後，再用清水洗淨。

3️⃣ 切勿用鍋鏟敲擊鍋面，以免鍋內層產生凹洞，鍋鏟也容易磨損。

12 刀具的選擇與保養

　　挑選刀具時，以不鏽鋼材質、刀鋒銳利為佳，建議選擇一體成型的設計，手持握把有防滑或是空心柄的結構較輕巧為佳，避免選擇硬度太高的刀具（容易斷裂）。通常刀鋒銳利部分主要是切質地較硬的食物，而後半段靠近刀柄部分大多切蔬菜。

❶ 剝刀：整體刀身較為寬厚，重量相較一般菜刀顯得更重，特色是刀背厚可以用來處理較硬的食材。

❷ 片刀：刀身比較寬長前端帶有一些往前的刀尖，寬度比剝刀來得更薄一些，適用於一般家庭料理烹調使用。

❸ 主廚刀：一體成型符合人體工學製成，且刀鋒銳利，把手有止滑設計較好握拿。它是一種綜合型菜刀能應對更多種食材處理，擁有細長刀尖，能夠精確改刀或是切出任何食材形式。

保養

▢1 處理生食與熟食要分開使用不同的刀具，以免食物變質，菜刀生鏽可浸泡在可樂（含有檸檬酸與磷酸）約20分鐘。

▢2 用完菜刀洗淨，用乾布擦乾，防長黴菌，若不夠鋒利可取鋁箔紙對折4～5次來回磨擦立即變銳利。

▢3 菜刀有殘留食物的味道可塗抹白蘿蔔或薑片，再清洗乾淨。

13 強馬力蔬果機

　　強馬力的蔬果機，每分鐘運轉可高達3.5匹的超強馬力，在瞬間攪拌時產生的雙漩渦可以打破食物的細胞壁，將食物完全攪打到極細緻的程度，釋放出每種食材所含的豐富植化素。按鍵設計有高、低及瞬間極速開關以及30秒內計時器，可控制調理時間。

14 手持攪棒器

　　用於容量較少的調理使用，有打碎、均值、打發等功能，目前市售的價錢也相對比以前便宜很多，用途及功能，也越來越多樣化。

15 榨汁機

　　榨汁機能夠將汁和渣分離，可選擇容量大，有透明防塵蓋、不鏽鋼濾網與刀組、多重安全開關、隱藏式捲線設計、溫度過高會自動斷電系統、裝卸及清洗方便者為佳。

三、廚房調理及廚房好物介紹

市面上有許多便利的調理器具，可以在處理食材與製作料理時提供很大的幫助。以下介紹一些方便使用的烹飪小道具，可以讓你在做料理的時候，更為省時省力。

在使用磨泥處理時，可以用一塊廚房紙巾包覆食材再抓取，磨泥器的底部要看有無防滑動設計，如果沒有可以墊一塊乾淨的濕布，避免在磨泥時滑動產生危險。

金屬磨泥器

金屬材質方便保養與清洗，耐用可以放入滾水高溫殺菌處理。

塑膠磨泥器

小家庭使用方便收納與清洗，新型大多都有做底部防滑設計，保障消費者使用上的安全性。

陶瓷磨泥器

近幾年開發的新材質，具有一定的耐用程度，重量輕可高溫沖洗，缺點是較不耐摔。

計時器

　　燉煮、汆燙可以有效掌握食材蒸煮的時間，避免過度烹調影響食材的口感。

削皮器

　　用來去除食材表皮不可食的部分。削皮器目前對應各種形狀去皮已經算是很便利的器具，使用時注意削皮的方向，刀面往外可避免產生危險，抓取食物的手盡量乾燥，以防止食材滑動造成危險。

夾取器

　　適用於夾取各種滾燙的食物，也可以當做攪拌的工具之一。

金屬刨絲器

　　金屬材質比一般的刨絲器更容易保養及耐用，缺點是不能改變絲的粗細大小，可沖洗耐高溫可高溫消毒保養。

塑膠刨絲器

　　有著不同形狀與款式大小，重量輕可沖洗，不耐高溫會變形，優點是有很多種形式，可以應對料理食材變化上的需求，清洗完請用乾布擦拭乾燥即可。

毛刷

　　用於刷洗較為不耐刮材質的物品或表面有凹凸的食材，如苦瓜、青椒的蒂頭處等，用清水沖洗過後，再用刷子輕輕刷洗髒污部分即可。用完請清洗乾淨，並放在較通風的地方，可高溫沖洗。

小濾網

　　用來過濾較少量的食物時，可應用在高溫的烹調需求，使用完後要記得清洗乾淨，以免造成隙縫阻塞。

電子磅秤

可以準確測量食材的重量，因為掌握食材或調味料的用量比例，才能完美呈現好味道。液晶體數字愈小愈能精準。

強效去污膏

主要成分為水、植物皂基、矽酸鋁、界面活性劑。適用於不鏽鋼鍋具、抽油煙機、流理台、陶瓷餐具、磁磚、地磚、茶垢、茶漬等。以海綿或菜瓜布濕潤後，沾取適量直接擦拭後，以清水沖淨即可。不會殘留於器皿的毛細孔上。

高效能節能板

具有防滑螺紋設計，儲熱性強，可節省瓦斯，是廚房必備的節能利器。可放在冷凍室能快速冰凍食材，放在室溫能急速解凍食材，置於火爐上方具有聚熱功能，可節省瓦斯，更完美的是能預防鍋具底部燒黑，延長鍋具的使用壽命。

使用注意事項：

❶ 若是經過高溫使用時，必須降溫再清洗。
❷ 不能用小蘇打粉、洗碗機清潔，以免影響材質造成變形或氧化。
❸ 建議使用中性清潔劑、棉布、溫水或冷水沖洗，擦乾水分，自然乾。

萬用酵素潔淨粉

以天然酵素生產，無磷、無味又無刺激性，
具有去除食物農藥殘留及滅菌的作用，
適用於蔬果清洗，清除廚房油汙等，
選擇通過SGS認證的安心產品，更能守護
全家人的健康。

清洗農藥殘留、除油污的好幫手！

1 採用最新環保生化科技，萃取於椰子油脂、海洋礦物純鹼及天然酵素製作而成。　✓

2 採用天然配方，可軟化水質，使污垢完全瓦解，加強洗淨效果。　✓

3 洗淨力強、泡沫少、易沖洗，輕鬆讓主婦們做好食安與環境的清潔。　✓

去除番茄農殘留 使用20g＋水1000CC稀釋		去除蔬菜農殘留 使用20g＋水1000CC稀釋	
浸泡清洗	清洗完成	浸泡清洗	清洗完成

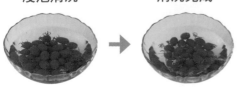

Part2
烹調的應用技巧

一、食材挑選與處理

1. 根莖類

紅蘿蔔

紅蘿蔔又稱為胡蘿蔔，有亞洲品種和西洋品種之分，挑選的時候以外觀圓形有彈性、光滑沒有裂痕、顏色橙紅、根莖細尖、沒有鬚根者為佳，避免選擇表面有突起的粒狀、莖身粗糙呈茶色的紅蘿蔔，如果有黑色斑點者代表不新鮮。

紅蘿蔔烹調前須用清水洗淨表面的泥沙，料理的時候可連皮一起烹調，但不要加熱太久，因為 β-胡蘿蔔素是油溶性的成分。另外，用來打果汁時不要加入檸檬、橘子等維生素C較高的蔬果，以免破壞營養素。

放入冰箱冷藏前應先洗淨、瀝乾，去除頭尾後再裝入有氣孔的塑膠袋中，約可保存1個月。

白蘿蔔

購買白蘿蔔應挑選有葉子且顏色青翠、表面光澤具彈性、白色部分愈白愈好，以及根莖部有重量、沒有鬚根、形狀又正又直者佳。如果葉子已被切掉，須注意切口處是否空心、變色，果實疏鬆代表品質較差。

白蘿蔔上端粗圓逐漸變細者，適合煮食；下端粗而上端逐漸變細者，適合醃製。由於白蘿蔔的農藥大多會會殘留在葉片，所以建議冷藏要先切除頭部的菜葉，再用乾淨的紙包好，套上塑膠袋放入冰箱，以免葉子吸收養分，約可保存7至10天。

馬鈴薯

馬鈴薯分為圓形和細長的五月皇后品種，圓形屬於粉質馬鈴薯，適合做沙拉或直接烤；細長形屬於黏質馬鈴薯，不易煮爛，適合用來做咖哩。

挑選的時候以表皮完整、無皺褶或乾癟現象、沒有萌芽及變綠、外觀飽滿、摸起來不會軟軟的為佳，避免購買表面凹凸不平者。烹煮前可先用軟刷洗淨、去皮。

在夏天的季節馬鈴薯不需經過清洗，可置放鋪有報紙的箱子中，以常溫保存，置於陰涼處即可。如果要將馬鈴薯放入冰箱冷藏，先用報紙包好，放入密封袋中，袋子裡面再放一顆蘋果（因為蘋果會釋放乙烯），可延遲馬鈴薯發芽的速度，大約可保存7至14天。

芋頭

芋頭應選擇厚實飽滿、鬚根少帶有沙土、外皮有濕氣沒有傷痕、表面沒有太多的凹凸不平、切口處粉粉的比較新鮮。另外，可用手指輕壓，如果感覺鬆軟，就是放太久已開始纖維化。

削除芋頭外皮時，可先在雙手抹上鹽巴或白醋，以免發癢。芋頭可用來煮湯、炒菜或做成甜點。

在存放芋頭前，須除去泥土，把外表擦乾後用白報紙包起來，放在紙箱或保麗龍盒中，置於陰涼通風處，或直接放入冰箱冷藏，約可保存7至14天。

山藥 ◐

山藥分為白肉和紅肉，選購以外觀完整且直、鬚根少、重量較重、沒有腐爛的為佳。

山藥外皮含有植物鹼，處理前可先用鹽水洗手或戴上手套，再以塑膠刀輕刮表皮，因為山藥有抗氧化作用，所以不能使用金屬製的刀子。

建議不要將外皮全部削完，以免氧化變黑，只要將需要的部分切下後浸泡在醋水或檸檬水中，即可保持山藥的原色。

如果是整支未切的山藥不需冷藏，可放在陰涼的通風處，保存1個月。至於切開或已削皮者，須用塑膠袋包起來，再擠出多餘的空氣，放入冰箱冷凍，約可保存1個月。

蓮藕 ◐

挑選蓮藕以節與節之間距離較長、表皮黃褐色有光澤、外觀圓柱形、根莖飽滿、切口處的肉質厚實且白者為佳，如果顏色發黑、產生異味，建議不要食用。

切蓮藕的時候不能太用力，只要用菜刀的前端壓切，以免藕肉裂開。由於切過的蓮藕容易變黑，所以切好之後必須用醋水浸泡，以免變黑。

蓮藕放入滾水中汆燙時，可以加少許醋。另外，蓮藕不宜加熱過久，避免澱粉糊化失去口感。

未切的蓮藕可放在陰涼乾燥處，約可保存15天；已切的蓮藕須用保鮮膜包裹，再放入冰箱冷藏，約可保存3至5天。

地瓜

地瓜大略分為紅皮紅肉、黃皮黃肉、黃皮紅肉及紫心甘藷，挑選時以外觀形體完整飽滿、表面平滑、沒有凹凸不平者為佳。如果地瓜發芽或表面有皺褶、腐爛、出現小黑洞等，都是品質欠佳的產品。

紅皮紅肉的地瓜口感緊實綿密，適合煮稀飯；黃皮黃肉口感鬆軟、香味濃郁，適合烤地瓜；黃皮紅肉的口感與香味介於兩者之間；紫心甘藷口感有彈性，通常用於餡料或米麻糬的外皮。

地瓜烹調前應先將外皮洗淨，如果要連皮食用，一定要去掉長芽的部分。

冬天時，將地瓜放在報紙上，置於陰涼通風處，約可保存3至4星期；夏天時建議將地瓜用報紙包起來，放在冰箱底層保鮮，否則容易發芽，約可保存7至10天。

牛蒡

牛蒡分為秋牛蒡和春牛蒡兩種，建議挑選外皮帶有泥土、直徑約十圓硬幣大小、粗細均勻筆直、鬚根少、沒有裂痕、顏色淡黃、拿起來較重者為佳。避免選擇木紋平滑、外觀粗黑、有皺痕或摸起來較硬的牛蒡。

烹調前可用清水洗淨表面的泥沙，再用握柄式的刨皮削皮，或用刀背輕輕刮除。削皮後應先浸泡在微量的醋水裡，以免氧化變色。

保存的方式就是用濕的報紙包裹放在陰涼處，冬天時，斜放在地面約可保存1個月；已洗過的牛蒡可用保鮮膜包好或放入密封袋冷藏，以防止水分及養分的流失，約可保鮮7至10天。

蘆筍 ◑

蘆筍分為白蘆筍和青蘆筍兩種，白蘆筍一般製成罐頭。不論白蘆筍或青蘆筍都有進口和國產，進口的青蘆筍又分為粗的和細的，粗的來自寒冷地區的國家，細的來自東南亞國家。

選購時以外觀長且直、穗尖緊密、表面沒有損壞、粗大細嫩、無水傷腐臭味、手能立即折斷者為佳。另外，青蘆筍還須注意顏色是否濃綠，切口不變色即為上品；白蘆筍則是選中粗型，乳白色的為佳。

白蘆筍適合炒菜和焗烤，青蘆筍可用來炒菜或涼拌。蘆筍烹調前要先將切口莖部老化的部分削去，由於蘆筍最重要的成分都存放在筍尖幼芽處，因此要保留尖端，再用滾水汆燙後以不鏽鋼鍋小火炒食，可保持柔軟不變色。

炒好應該馬上食用，不要放到隔夜，否則纖維會因為貯放時間過久變得粗糙和苦澀，同時失去大量的營養素。蘆筍削皮後一定要馬上烹調，不可停留在空氣中20分鐘以上，以免氧化，質地變老。

如果大量採買，可先燙熟後放入保鮮袋，置於冰箱冷凍，要烹調時再拿出來即可。新鮮蘆筍若未使用完，可用一張濕紙巾，鋪在長形的容器內，再將蘆筍直立插進盒中，蓋上蓋子，放入冰箱冷藏，即可保持青翠，存放時間約2至3天。

茭白筍

茭白筍可選擇外觀細長、顏色潔白、底部平整、外形圓弧、小支無乾癟現象、果肉無黑點或腐爛、沒有剝殼時為赤褐色者較佳。

先將外殼剝除，把茭白筍放進裝有水的鍋子中，水要淹過筍子，然後連同鍋子放進冰箱冷藏，要烹調前再取出即可，約可保存2至3天。

竹筍

竹筍分為麻竹筍、孟宗竹筍（冬筍）、春筍（毛竹筍）、桂竹筍與箭竹筍。

麻竹筍選擇底部寬廣、筍尖密合、沒有乾萎現象；孟宗竹筍的外觀類似黃牛角般身型彎曲，顏色土黃，建議選擇肉質硬實者；春筍的外皮有淡黑色的毛，多為直立形，選購的標準和麻竹筍一樣；桂竹筍因為埋在泥下，採收後容易老化，所以通常做成桶筍；箭竹筍和桂竹筍類似，也是經過加工後上市。

採買竹筍時可檢查筍尖的色澤，若是土黃色是當天現採摘，剛出土新鮮度較佳，若是筍尖呈綠色狀態，則是接觸陽光會降低甜度，容易帶有苦味，纖維也比較粗，還有筍尖密合度高，代表口感較細嫩。

由於竹筍有許多外殼包裹，沒有農藥殘留，建議連外殼一起煮或是在水中加些米糠，可以減少苦澀味。

放入冰箱保存前，須先去殼裝在有水的密封容器內，容器中的水要每天更換一次，最長的保鮮期約可存放7天左右。另外，也可將竹筍切成小塊冷凍，保存時間則延長為1個月。

2. 果實&花果類

苦瓜 ◐

市面上常見的苦瓜有翡翠苦瓜、白肉苦瓜、青肉苦瓜與山苦瓜。苦瓜最大的長度可達60公分，最小不超過8公分，通常具有色澤，且外表的突起顆粒大又飽實的苦瓜較新鮮也沒有苦味。建議不要挑選外觀表面出現裂痕、有病蟲害。

如果怕苦瓜太苦，可以用醋或鹽水先浸泡，去籽後將白色棉體刮除乾淨。另外，烹飪前先汆燙可以去苦味，但時間不要超過兩分鐘，如此才能保持脆度。

苦瓜屬於易熟的蔬菜，建議3天內食用完畢，至於冷藏前須先用白報紙包好，再放入冰箱底層保存。

翡翠苦瓜 色澤最深，建議切薄片涼拌或快炒。	**白玉苦瓜** 所有品種中最不苦的，適合燉湯。
青肉苦瓜 因為色澤翠綠，適合涼拌。	**山苦瓜** 苦味重，含豐富維生素C，苦瓜茶大多是由山苦瓜提煉而成。

冬瓜 ◐

一般冬瓜的果實形狀有圓的和橢圓的，特徵是表面有白色的粉末，選購時以外皮深綠、肉質色澤白為佳，如果種籽已經成熟且變成黃褐色，代表口感好。

建議在烹調前先將冬瓜去皮、切大塊汆燙再調理，以免過油後不易煮爛。另外，煮湯時若是加入太重的調味料，就無法維持湯汁的鮮美。

夏天採收的冬瓜，如果儲放在通風良好的陰暗處，最長可保存至冬天。至於切開的冬瓜則需用保鮮膜緊緊包住，再放入冰箱冷藏。也可以將冬瓜汆燙過後，放入密閉的容器內冷藏，約可保存3天左右。

絲瓜

絲瓜可分為圓筒絲瓜和稜角絲瓜。圓筒絲瓜產量高，肉質柔軟，不過煮熟後容易變黑，建議挑選表面光滑、果實堅硬、顏色鮮綠者為佳，通常夏天的絲瓜比秋天的絲瓜甜。

稜角絲瓜又稱澎湖瓜，因為是在澎湖生產，外型有十個菱線俗稱十稜菜瓜，產量比圓筒絲瓜低，肉質細嫩青脆，挑選時以長條形、直而飽滿者為佳，雖然水分少，但是比較甜。

可以剪下絲瓜將藤蔓放入容器滴水一個晚上再放入冰箱，適合中暑或高燒者飲用降火。至於老化的絲瓜纖維稱為絲瓜絡，可做成菜瓜布或洗澡刷。通常絲瓜用白報紙包好，放在冰箱冷藏，可保存2至3天。

南瓜

南瓜皮分為綠色和紅色兩種，綠色南瓜表示尚未成熟，甜味較少、水分較多；紅色南瓜外表有縱溝，較成熟，果肉具彈性、水分少，有如栗子般的甜味。

選購時須注意外觀是否完整，如果出現黑點，表現品質有問題。因此，最好挑選瓜梗新鮮堅硬，另外，購買剖開的南瓜時，果肉顏色愈深黃代表愈香甜，通常好吃的南瓜不僅果肉厚實，而且種籽較多。

南瓜適合蒸、煮、炸，烹調前將表面洗淨、去籽、切塊即可，不一定要削皮。南瓜的保存期限比較長，如果沒有馬上烹調，可存放在陰涼處約1個月左右。

未使用完的南瓜應先將果囊和種籽挖除，再用保鮮膜包好，放進冰箱冷藏，可保存5至10天。

小黃瓜

選購小黃瓜時，不是以長度為標準，而是以外皮深綠色、體形堅實有彈性、表皮有刺者為佳，不要挑選果肉摸起來凹軟或皺縮者。一般小黃瓜依瓜身長短，分為五吋種與七吋種，通常瓜體較細小的品種風味較好。

生食前：應先將小黃瓜洗淨再撒點鹽，並在砧板上來回滾動，以除去瓜皮上的毛刺，顏色也會比較鮮綠。

小黃瓜的頭端含有葫蘆素，並且帶有苦味，加熱後味道更苦澀，所以烹調前可先將頭端切除。由於小黃瓜含有維生素C氧化酵素，因此，建議加上醋、檸檬等奚酸，或先汆燙後再食用，以減少維生素C的氧化。

小黃瓜在常溫下只能放3天左右，如果要冷藏，必須先將水分擦乾，用紙巾包裹，再放入密封保鮮袋中，約可保存7～10天。

大黃瓜

大黃瓜又稱刺瓜，因為表面有類似細刺的突起疣狀。挑選時，若瓜身挺直硬實、果身長而圓潤、頭尾大小相同代表養分足夠；另外，瓜皮墨綠、尾端有花蒂、刺細，但不會刺到手的愈好，扎手的大黃瓜表示水分不足。

如果以長度區分：30公分以上為特級品，25至30公分為優級品，25公分以下則是良級品。

大黃瓜烹調前須先去皮、切除頭尾，通常大黃瓜多用來煮湯或燴類。如果沒有立即食用，先不要清洗，以避免果身遇水後縮短保存時間。

建議放入冰箱前用濕的白報紙包好或置於密封的容器中，大約可保鮮7天左右。

櫛瓜

　　櫛瓜又稱為夏南瓜、矮南瓜、嫩南瓜、西葫蘆、意大利瓜、口感類似黃瓜和胡瓜熱量很低、富含維生素、礦物質及膳食纖維。櫛瓜分為兩種品種，外皮有鮮黃色與綠色，果實皆為白色，適合乾煎加鹽和胡椒調味。

　　建議挑選以18公分以內的櫛瓜，生長過長的櫛瓜，肉質較老而且籽多會影響口感，以外型直挺飽滿、色澤分佈均勻，瓜實較為豐厚美味。

青木瓜

　　青木瓜是一種含糖極低的食材，但本身又富含木瓜酵素及木瓜蛋白，多種維生素及礦物質等，對於抗氧化及促進新陳代謝有非常良好的功用，其中對於女性催生乳汁更有不錯的作用，是一種非常良好的食材。

　　青木瓜的主要產季是7～10月，挑選時看蒂頭不要選擇太乾燥的，顏色要綠一些的，重量挑選時選重的較為良品。

扁蒲

　　扁蒲又稱為蒲瓜或匏瓜，常見的扁蒲有兩種品種，一種是梨子蒲，外型上寬下窄，另一種是花蒲，外形呈圓球形或橢圓形，瓜身表面會有花花的斑紋狀。

　　選購扁蒲建議表面有光澤，外型完整無損，避免有外傷或是蟲咬，表面有絨毛，鮮度佳，口感較嫩，此外也可以看一下枝條，枝條粗代表營養充足，若是枝條乾枯則是新鮮度不佳。

玉米

玉米分為白色、黃色、紫色三種，挑選方式相同，選購重點為外皮鮮綠、玉米鬚為褐色、玉米粒整齊且結實飽滿、表面光黃呈金黃色，用手指掐玉米粒，會稍微凹下去代表新鮮。

玉米的處理方式就是將外殼剝除，拔掉玉米鬚後用清水洗淨。烹煮玉米時，可在水中放入適量的鹽，以增加玉米的甜度。

買回來如果沒有馬上食用，建議先汆燙後再用保鮮膜包起來，放入冰箱冷藏，也可將玉米抹上一層薄鹽，用大火蒸熟冷卻後放進冷凍庫，烹調前不須再解凍。玉米冷藏約可保存3至5天，冷凍則可保存1個月。

青椒 ────────────────

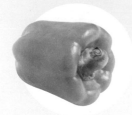

青椒的盛產期是每年12月至隔年8月，這段時間是採買青椒的最佳時機。挑選表面具有光澤、外皮緊實、末端尖者、無黑斑或腐爛的現象為佳。如果化學肥料使用過多，會導致青椒的顏色變深，應避免選擇深綠色的青椒。

青椒的凹陷處容易累積農藥，應先切除果蒂、剖開去籽後，再用手或軟刷清洗。如果擔心農藥殘留，也可將青椒切絲，放入水中汆燙1分鐘左右，撈起後用水冷卻，時間不可過久，以免破壞維生素C。

青椒冷藏會變軟，放入密封袋保存，避免有水氣，冷藏保存約3～5天左右。

茄子

茄子分為長形、橄欖形、橢圓形三個品種。長形為麻薯茄子，口感較Q；橄欖形或橢圓形都是進口茄子，有日本品種和巴西品種。

外觀果實飽滿、色澤明亮、外表鮮紫色，無乾癟、蟲蛀或撞傷的茄子，通常用手指輕捏茄子，感覺有彈性者，品質為佳，如果顏色呈現淡紫或茄子株有老化現象，代表品質較差，至於茄子的形狀不會影響品質。

茄子烹調前只須用清水洗淨，不必削皮。一般茄子可用來涼拌、炒菜或油炸，由於茄子的果肉含有「單寧」，遇到空氣會氧化變黑，因此，茄子切好之後要馬上烹調或放入鹽水中浸泡，以免產生褐變。

建議冷藏前先將茄子放在保麗龍盒中，或用保鮮膜包起來，再用白報紙蓋上，以免水分流失，保存期限約3天左右。

菱角

菱角又名菱、芰實，一般分為烏菱、二角菱、四角菱等，挑選的時候以形狀類似元寶，放在手心有沉重感為佳。

菱角的處理方式就是用流動的水沖洗數次，去掉雜質即可。烹調方法包括水煮、油炸或冰凍後煮熟食用。

如果沒有食用完，可放入塑膠袋內冷藏，約可保存5至7天，或水煮後冷凍，可延長保存至1個月。

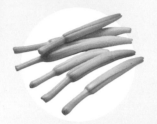

金針

由於市售乾金針大多會添加亞硫酸鹽，應挑選沒有刺鼻的藥味、避免顏色太亮，而新鮮的金針選購以顏色翠綠為佳。台灣產的金針品質比大陸好，且大陸的金針帶有咖啡色，口感較軟，不耐煮。

為避免金針添加過量的亞硫酸鹽，烹調前先用清水浸泡30分鐘軟化，再用清水沖洗，浸泡水不使用。新鮮金針用清水沖洗即可烹調。若要維持金針的色澤及花苞不散開，可於汆燙時滴油，放入金針立即熄火可保色。

新鮮的金針用密封袋裝移入冰箱冷藏約可保存3天；而乾燥的金針可以放入密封罐，放置在陰涼處約可保存1個月。

花椰菜

花椰菜分為白色和綠色兩種，白色花椰菜的盛產期是秋季至翌年的春季，建議挑選花朵之間沒有空隙、外觀結實、顏色乳白、莖短且有沉重感、梗部呈綠色者為佳。如果花蕾長出細細的毛，以及切口空心或乾癟，表示品質較差，不要購買。

綠色花椰菜的盛產期為每年的3至11月，選購時以花球鮮綠、花蕾緊實、中央的柄為翠綠色、手拿起來有重量、無黑色斑點、莖部沒有空心者為佳。

先將粗的梗削皮，再一朵朵切下，用流動的水沖洗，如果擔心有菜蟲，也可先汆燙後再烹調。另外，可在熱水中加入一小撮鹽或一匙醋，以避免花椰菜變黃，更能夠去除殘留的農藥。冷藏應先稍微汆燙，再放入密封袋中，約可存放3至5天。

3. 葉菜類

小白菜 🌙

挑選小白菜以外觀完整、葉片翠綠、沒有枯黃者為佳，由於小白菜耐寒暑，所以全年都有生產。

小白菜去除根部後，將葉片剝除泡水洗淨，如果菜株乾萎沒有變黃，可放在水中浸泡約半個鐘頭，以恢復鮮翠。若未使用完，應用白報紙包好，或裝入密封袋中，放進冰箱冷藏，約可保存2至3天，如果連根冷藏，可多保存1至2天。

大白菜 🌙

選購大白菜時，須注意葉片前端是否散開、葉片顏色鮮綠、表面沒有黑斑或蟲蛀，同時可用手輕壓尾部，如果硬且厚，表示葉菜紮實。現在市面上也有進口長形的大白菜，味道與口感均佳。

為了避免農藥殘留，清洗前應先將外葉剝掉1至2片，再把葉子一片片取下，用流動的水浸泡、沖洗。整顆的大白菜可用白報紙包好放入冰箱冷藏，可保存5至7天左右。

油菜 🌙

油菜依品種分為小油菜及大油菜兩種，建議選擇顏色鮮綠、無乾瘍現象、葉片沒有枯黃者為佳。

油菜只要用清水沖洗乾淨即可，烹調方法與口味和小白菜相似，如果沒有使用完，須放入密封袋內，置於冰箱冷藏，約可保鮮2至3天。

芹菜 ◑

芹菜分為一般芹菜和西洋芹兩種，一般芹菜的梗較細，葉子較多，挑選時要注意莖部是否鮮嫩飽滿，葉子沒有枯黃者為佳；西洋芹味道濃烈、葉片青翠、莖幹粗圓、內側凹面較小、根幹白色且沒有裂痕比較好。

一般芹菜烹調前可將葉片拔除，梗以清水洗淨後用來炒菜或煮湯。西洋芹的莖和葉各有不同的功用，芹菜莖可用來煮湯、炒菜或做成沙拉；芹菜葉可以油炸或做成小菜。如果精神不穩定的時候，不妨飲用放有芹菜葉的湯，具有安定神經的作用。

一般芹菜可用白報紙包起來，套上塑膠袋之後放入冰箱冷藏，約可保存7至10天。

西洋芹則建議將莖、葉分開，葉子放在保鮮袋內，直接置於冷箱可存放3天左右，芹菜莖可將根部插在裝有水的杯子中保鮮，須在當天食用完畢。

空心菜 ◑

空心菜又稱做蕹菜、甕菜及無心菜，一般分為種在水中的大葉種及種在土壤中的小葉種。

大葉種的葉片為三角形，莖粗大且長；小葉種的葉片為劍形，外觀狹窄且長，莖較細嫩。

選購時以整株完整、沒有乾癟及枯黃現象、莖細長、中空有節、莖梗翠綠易折、無鬚根者為佳。

空心菜容易失水而變軟，建議烹煮前先泡水半小時，以恢復鮮綠的質感。放入冰箱冷藏前應用白報紙包起來，再套上塑膠袋，以免水分流失，如此可保存3至5天左右。

芥菜 ◐

芥菜又名刈菜，依葉用品種可分為包心芥菜、雪裡蕻、大葉芥菜；依莖用品種分為四川芥菜、大心芥菜。

葉柄肥厚且為結球狀的包心芥菜纖維少、辛辣味不強、品質佳。雪裡蕻別稱九心芥，辛辣味強，不適合生食，多用來鹽漬。大葉芥菜以莖粗、葉面廣闊略成波形為佳，辛辣味淡。

四川榨菜可挑選莖部肥大呈拳形。大心芥菜外觀如棒形、莖部直立肥大、葉柄厚且多肉，建議選購葉片有如刀切的痕跡，若呈現脫落的焦痕或膨心現象則最好避免購買。

至於客家人稱芥菜為鹹菜，分為水鹹菜及乾鹹菜兩種。水鹹菜以帶有一點酸味、黃的發亮較好；乾鹹菜通常做為福菜，俗稱大芥菜，又名覆菜或長年菜，貯藏一年後香味最佳，但時間過久容易變質。

清洗芥菜建議用流動的水將葉中的沙洗淨。未使用完應以白報紙包好，放進冰箱冷藏，可保存7至14天。

芥蘭菜 ◐

芥蘭菜分為芥蘭菜苗和芥蘭菜兩種，選購重點為外觀顏色鮮綠、表面沒有蟲蛀，而梗易折斷代表鮮嫩，品質較好。

芥蘭菜用清水洗淨，可整株或切段汆燙，適合涼拌、炒菜；芥蘭菜苗則是將莖切除，去掉黃色的葉子後，用清水洗淨即可烹調，適合炒菜類。

芥蘭菜可用密封袋包好，放在冰箱冷藏，保存期限約2至3天。

高麗菜 ◖

高麗菜的盛產期是冬、春、秋季，選購重點以表面乾爽、葉片完整、肉質厚、葉脈細、顏色沒有枯黃、觸感硬、重量愈重佳。

一般而言，在高山種植的高麗菜，由於氣候與溼度的關係，因此嫩度和甜度最佳。

清洗高麗菜時，應先除去外葉，再將葉片層層剝開，浸泡後再用流動的水沖洗。

如果購買切過的高麗菜，因為切口會慢慢變黑，通常只能保存2至3天，至於整顆的高麗菜可先將芯挖除後，放入密封袋或用白報紙包好後冷藏，最長可保存7至10天。

建議先挖除菜心，再覆蓋濕紙巾，取保鮮膜包起來，放入冰箱冷藏保存，切面就不會變黑。

A菜 ◖

A菜是一年四季都有生產的蔬菜植物，除了有多種維生素群以外，還含有β胡蘿蔔素，對於高血壓、糖尿病患者及成長中的青少年都有著很不錯的營養成分。

挑選時盡量選購葉子沒有損傷、變黃，葉梗要較為挺立飽滿的為佳，如果根不帶點濕土更好，清洗處理時先將葉面拔取下，可用食用性小蘇打粉加水，或鹽加水稍微浸泡10分鐘，以去除殘留於蔬菜表面的農藥，烹調時切記不要調理過久，以免內部養分流失，料理時加入適當的油，可讓A菜的β胡蘿蔔素更為釋放開來，有利營養攝取。

大陸妹 ◐

　　大陸妹又名福山萵苣，主要產季是在1～12月，原產地為中國，外觀上較為翠綠油亮，口感鮮美脆嫩，富有維生素C及胡蘿蔔素，可促進視力即眼睛的保護，挑選時要買顏色翠綠，葉片完整沒有受損的，如果有標示產地及生產認證的更為佳品，保存時可用報紙包起直立，蒂頭朝下擺放，食用前請先將葉片拔下再浸泡小蘇打水，或是放入加了食鹽的水裡先清洗乾淨，烹調時間不要太久，以防止養分流失。

青江菜 ◐

　　青江菜形狀有點類似湯匙，所以又叫做湯匙菜。挑選時以葉片完整、葉柄肥厚、莖部翠綠、拿起來有重量、顏色較白為佳。

　　烹調前須將葉子一瓣一瓣摘除，用流動的水清洗乾淨。冷藏前可先用白報紙包好再放入冰箱，通常可保存3至5天。

菠菜 ◐

　　菠菜應選擇葉片略厚挺拔、沒有黃色斑點、顏色鮮綠亮麗、根部肥滿呈鮮紅色、無枯萎與蛀蟲者為佳。如果要打汁、涼拌和熱炒，最好挑選柔嫩的柔片。由於菠菜屬於冬季蔬菜，因此冬天購買，營養價值最高。

　　要除去菠菜中所含的農藥、亞硝酸和草酸，可用水邊沖邊洗後，再浸泡5分鐘，沖洗數次即可，另外，也可用熱水汆燙後烹調。菠菜含有維生素C、鐵和鈣，食用時建議不要去根。菠菜含有草酸，因此不可與鈣質豐富的豆腐一起食用，以免產生草酸鈣，導致結石。

地瓜葉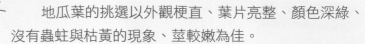

地瓜葉的挑選以外觀梗直、葉片亮整、顏色深綠、沒有蟲蛀與枯黃的現象、莖較嫩為佳。

處理地瓜葉的時候，可先用清水沖洗乾淨後，再將葉子與硬梗拔除，以避免流失葉綠素等養分。地瓜葉要先以白報紙包好，放入塑膠袋內，置於冰箱冷藏，約可保存3至4天。

紫高麗菜

紫色高麗菜，又稱紫甘藍菜，還有許多維生素C及礦物質，其中對鐵質對於女性補充鐵質也有很不錯的作用，對於高膽固醇患者也有顯著效果，其中高纖維質對於促進腸胃蠕動消化有一定作用，挑選時盡量選較重的，如果一次性用不完，可以取用夾鏈袋或報紙包起來，打果汁時候可以搭配一塊薑片，避免太過於生冷。

紅鳳菜

紅鳳菜有自然補血劑之稱，富含鐵質對於補血有不錯的功用，另外含有花青素，對於現代大量使用手機的人，對眼睛保護有著一定作用，本身屬於較為涼性蔬菜，在烹調過程中可以加入適當薑或麻油來調理較好。產期一年四季都有，挑選時選葉面完整不枯黃為主，莖梗硬挺沒有下垂為佳，一般保存可取用紙袋或是夾鏈袋包起，冷藏可放3～5天。

川七

　　川七又名藤川七，一年四季都有產，夏季與秋季最多，葉面呈現深綠的的愛心狀，富有多種維生素及礦物質，其所含的水溶性纖維素，具有降血糖作用，對於消化系統也有不錯幫助，煮熟後的黏滑口感為其特色，是一個非常好的健康食材。

皇宮菜

　　皇宮菜又名落葵，一年四季都有其中以4～10月為盛產期，富有維生素與蛋白質鈣質等，挑選時要看葉面有無變黑損傷，底部鮮嫩水分充足，梗部選短的較佳，本身很多沒有噴灑農藥，食用前可稍用清水沖洗。

山茼蒿

　　山茼苣又名野茼苣，是一種口感較為苦的野菜，含有胡蘿蔔素與維生素B，是一種健康的蔬菜，食用時不用烹調太久，因葉面較為薄嫩，也可以清洗後用冷開水沖淨，不用煮直接當成生菜沙拉的食材。

4. 鮮豆類

四季豆 🌓

　　四季豆又名刀豆，生長期短，收成時間很快，除了有維生素A與B以外，還有微量礦物質鋅與鎂，水溶性纖維可幫助消化，對於膽固醇過高的人也可以安心食用。挑選時要選擇飽滿完整的，烹調時要記得去除豆筋讓口感更好。

豌豆 🌓

　　豌豆分為新鮮和乾燥兩種，新鮮豌豆可選擇色澤鮮綠、質感柔軟、顆粒飽滿、外觀無缺損者；乾燥的豌豆則以外表完整、無乾癟現象者為佳。

　　新鮮的豌豆可先用清水洗淨，瀝乾多餘的水分後烹煮；乾燥的豌豆須先泡水數小時再烹調，以增加美味。

　　新鮮的豌豆洗淨後放入密封袋中，置於冰箱冷凍，烹調前再解凍，約可保存2個禮拜；乾燥的豌豆可放在通風陰涼處。

醜豆 🌓

　　醜豆又名粉豆，生長季短，盛產期為4～9月。含有豐富的蛋白質、膳食纖維、與維生素A、B1、B2、B6、C、鈉、鉀、鈣、鎂、磷、鐵、鋅等，所以對於補血、促進腸胃消化，也是非常好的選擇。醜豆本身含有血球凝集素，盡量避免生食，以免容易產生腹瀉與腸胃不適的現象。

荷蘭豆)

　　荷蘭豆又名豌豆，產季通常在11～3月較多，豆莢扁平又長，豆子小粒，富有蛋白質與維生素、胡蘿蔔素等，挑選時要買豆身扁平飽滿，脆甜度高，烹調前要記得去除豆筋，可讓食用的口感更好吃。

皇帝豆)

　　皇帝豆又名白扁豆，盛產期為1～3月，含有蛋白質及維生素，而礦物質鉀與鎂也不少，只是要注意本身含的碳水化合物較高，如果糖尿病患者要食用的話應注意分量，烹調時也要注意鈉含量，不宜過高。

毛豆)

　　毛豆又稱為枝豆，盛產期為3～5月及9～11月，富有多種胺基酸與蛋白質，其中蛋白質含量又多，有著植物之肉的稱號，屬於大豆類的一種，購買挑選時要買夾長飽滿的，顏色翠綠不能偏黃，表皮絨毛要有光澤，豆粒突起越高越好，烹調時可以稍微汆燙後涼拌，夏天吃更是開胃。

5. 芽菜類

苜蓿芽 🌙

　　苜蓿芽分為盒裝和散裝兩種，選擇盒裝須注意製造與保存期限，以及是否有腐爛、乾癟的現象；散裝則是看外觀是否含有水分，如果已經產生異味與黏液，應避免選購。

　　由於苜蓿芽營養豐富、熱量低，建議生食為佳，但在食用前需用清水沖洗幾次再瀝乾，如果沒有馬上使用或未使用完，一定要放在冰箱冷藏以免變質，通常可保存2至3天左右。

紫高麗菜苗 🌙

　　紫高麗菜苗是紫高麗菜的幼苗，整株有著艷麗的紫色，含有豐富植化素，吲哚及花青素，含有維生素A、C、E、U，其抗氧化力的作用強，可以直接生吃品嚐原味不需要任何調味，或是放入蔬果機打成精力湯飲用，對於人體的健康都有輔助的作用。適合涼拌、沙拉、春捲或海苔捲等變化料理，攝取最鮮活的營養素。採買後放入冰箱冷藏，並在7～10天食用完畢。

青花苗 🌙

　　青花苗為青花椰菜的幼苗，擁有的珍貴植化素蘿蔔硫素，是青花椰成菜的20～50倍，也含有維生素C、E、β胡蘿蔔素等三大抗氧化物質，其抗氧化能力更是高於青花椰菜，是非常健康又養生的平價好食材之一。

黃豆芽

　　黃豆芽含有豐富的蛋白質，及礦物質鈣、鐵、鋅，維生素A、B1、B2、C，其中黃豆芽的蛋白質轉換率比黃豆高，是一種攝取蛋白質方便的好東西，加上黃豆芽含有維生素B2，有助於消除疲勞、預防口角炎、舌炎等疾病。

　　烹調芽菜盡量不要太長時間，以免流失食材的維生素，且因發芽的黃豆芽含有葉酸，對於孕婦也是不錯的食材。

綠豆芽

　　綠豆芽菜發芽的過程中會釋放出大量的維生素C，同時也含有維生素A及B群以及多種礦物質，如鈣、鐵、鉀等，可以預防心血管疾病，幫助人體清除血管壁中堆積的膽固醇和脂肪，而且它熱量低高膳食纖維可以幫助腸道蠕動，增加飽足感，也是美容瘦身的最佳食材之一。

碗豆芽

　　碗豆芽是豌豆的幼苗，具有濃郁豆香味，富含維生素B群、β胡蘿蔔素、葉酸、膳食纖維及礦物質等，它是營養價值高的保健蔬菜。

　　清炒碗豆苗建議加點蒜片，以大火快炒味道較佳；比較健康的吃法是放入滾水氽燙，加入優質的食用油及鹽，即是美味爽口的涼拌菜，補充最佳的營養能量。

6. 菇類

香菇 🌓

香菇分為國產和進口兩種。國產香菇以味道較濃、菇傘大、肉質肥厚、傘緣內捲、形狀完整、乾燥度好、表面帶有深褐色、傘內為米白色、菇柄愈短者為佳。

進口香菇多為日本花菇及韓國花菇，應挑選傘小且圓、外觀有白色花紋、味道較淡者為佳。不論國產或進口，都須避免選購外表有黑點、摸起來粉粉的、潮濕或有霉味的香菇。

先用清水洗淨處理，再用冷水浸泡半小時，不要使用熱水，避免失去香味，泡好後擠乾水分即可烹調。國產香菇適合炒、炸及湯料；進口香菇較適合煮湯。

由於台灣的氣溫溼度高，如果沒有使用完需要多層包裹，將口封緊，以免失味。新香菇約可保存7天左右，乾燥香菇如果不冷藏，置於乾燥、通風處，可擺放3至6個月。

草菇 🌓

草菇的鐵質含量是所有菇蕈類中最高的，且有大量的維生素C與各種胺基酸，選擇時以腳苞未裂開、菇傘完整的較新鮮，如果菇傘散開、菌褶變成粉紅色或黑色時，表示品質較差，不宜購買。

草菇不可生食，買回來後一定要馬上洗淨、汆燙再烹調，適合煮湯或炒食。為了避免顏色發黑、不新鮮，建議當天食用完。如果不立即烹煮，應將草菇的塑膠袋打開透氣，暫放在冷箱冷藏；汆燙後的草菇則要放冰箱冷凍。

金針菇

　　金針菇又稱金絲菇或金菇，分為雪白和微黃兩種，建議選擇菇體顏色為白色或乳白色，如果變黃、軟化、有黏稠感，表示金針菇已經放隔夜或有水分滲入，不宜購買。建議選擇長度不超過20公分，若是太長表示太老，也較不新鮮。

　　一般新鮮的金針菇聞起來沒有腐酸味，而且顏色比較接近象牙白，質地清脆，即使煮久了也不容易爛。

　　烹調前須將金針菇土黃色的根部切除，用清水多洗幾次，去掉雜質。為了維持金針菇的新鮮度，與空氣接觸的時間不宜過長。

　　未使用完的金針菇可放在密封袋中，置於冰箱冷藏，以免養分流失，可保存1至2天。

杏鮑菇

　　杏鮑菇屬於鮑魚菇的一種，因為含有杏仁香味，口感類似鮑魚而命名，是鮑魚菇類中最具有風味的。

　　挑選時以菇柄圓粗挺直、顏色乳白、肉質細膩，按壓有彈性為佳。由於杏鮑菇營養價值高，加上低脂肪、低膽固醇與低熱量的優點，因此健康又營養。

　　買回來後切長片，浸泡於蛋汁中（如果不吃蛋，可用木瓜酵素代替）。蛋汁要調適量的鹽、香菇粉及少許香油，浸泡後放在冰箱一個晚上。

　　第二天用牙籤串成S形，再放入蒸籠（須事先預熱至蒸氣跑出來），以中火蒸約20分鐘，即可保持口感、不變黑。適合炒、烤、炸、煮湯，也可涼拌，未食用完須用密封袋包好，放入冰箱冷藏，可保存3至5天。

柳松菇 🌙

柳松菇又稱柳松茸，是一種新興的食用菇，挑選時以菌柄細長、菇傘為淡褐色至深褐色、有松茸的香味為佳。因為柳松菇含有大量的纖維質，能夠刺激腸胃蠕動、消除便祕，強化肝臟功能，可成為保健的食品。

柳松菇最大的特色就是烹調再久依然保有脆度，也不會失去咬勁且口感細嫩，其烹調方式有許多變化，可用來炒、烤、燉、油炸、煮湯。如果沒有食用完，可放入密封袋中冷藏，可保存3～5天左右。

蘑菇 🌙

蘑菇又稱洋菇，應選擇有一點土在上面的比較新鮮，如果拿起來輕輕的，代表沒有加工過，通常顏色很白的蘑菇，表示洗過、脫水過。挑選的時候，可以稍微擠壓柄口處，浸泡過的蘑菇會有出水的現象。

蘑菇可用來煮湯、油炸和燒烤，處理時，只要用清水洗淨，將蘑菇放入鹽水中，汆燙10分鐘後撈起、泡水冷卻，即可烹調。沒有使用完的蘑菇，應先汆燙再放進密封袋中，置於冰箱冷藏，大約可保存3至5天。

巴西蘑菇 🌙

巴西蘑菇又稱為姬松茸，原產於北美南部及巴西等南美地區，因種植技術的成熟，目前也有台灣產的巴西蘑菇。本身含有多醣體能增加抵抗力，是一種美味又健康的菇菌類。乾巴西蘑菇烹調前可以先用熱水先泡開，再與其他食材一起燉煮，能增加食材的鮮味與甘甜，非常美味又養生。

鮑魚菇 ◐

鮑魚菇含有大量的蛋白質和人類所需的八種必需胺基酸。鮑魚菇又分為大鮑魚菇和小鮑魚菇，口感以小鮑魚菇為佳，因為大鮑魚菇有一種腥味。

選擇的時候以菇面大、菇柄粗短、肉質肥厚、外觀為灰色或淡褐色、沒有破碎與枯萎現象的最新鮮。

鮑魚菇烹調前須用水洗去雜質，一般可用來炒菜、燴類、煮湯、燉烤或製作成罐頭。保存方式是放入密封袋中冷藏，約可保鮮3至4天。

白精靈菇 ◐

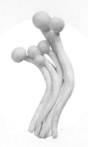

外型中等細長，口感濕潤帶一點點黏滑，本身沒什麼菇腥味。白精靈菇含有豐富多糖體、胺基酸、維生素B群與葉酸、礦物質鈣、磷及硒，能增加抵抗力及恢復疲勞，並對於攝護腺等疾病有不錯的預防作用。白精靈菇因本身較白嫩，烹調時也用於涼拌、西式燉飯及義大利麵等料理，是非常多元烹調的一種食材。

鴻喜菇 ◐

又稱之為榆菇，起初生長於榆樹上，口感滑潤，也有「美白菇」之稱號，除了本身有豐富多醣體、維生素之外，還有特別的烏氨酸。烏氨酸是一種能有效護肝的營養成分，能幫助人體血液去除多餘的氨，紓解肝臟分解多於氨的作用。但是要特別注意如果本身是糖尿病患者，在食用時不宜攝取過量。烹調時可用於涼拌、燉煮、清炒等都非常合適。

7. 水果類

番茄 ◖

番茄常見種類有黑柿番茄、聖女番茄、金黃番茄等。黑柿番茄建議挑選半紅半綠的；聖女番茄則是以顏色愈鮮紅愈好，表面光亮甜度愈佳；金黃番茄是顏色愈黃，外觀具有光澤愈甜。

採買可用手輕壓番茄，觸感硬、飽滿較新鮮，至於中大型番茄選果形圓潤、果色綠中帶紅；中小型番茄以果形豐圓或長圓，顏色鮮紅較佳。

番茄食用前先浸泡鹽水約10分鐘，再用清水沖洗後去掉蒂頭，以免農藥殘留。如果要用來烹調，建議使用橄欖油，以增加茄紅素的吸收。

番茄保存時，除了綠色的黑柿番茄可放在室溫下，等顏色變紅後再冷藏外，其餘番茄均需直接放入冰箱冷藏，記得將蒂頭先去除掉，以免受潮發霉，約可保存3至5天。

蘋果 ◖ ────────────────

蘋果分為許多品種，外表與口感不相同，但都含有豐富的鉀、鐵維質和鐵質。挑選以外表堅實沉重、顏色鮮明、果皮完整沒有碰傷、果臍寬大較甜且新鮮。如果用手輕彈，聲音濃濁低沉，代表果肉不清脆。

蘋果所殘留的農藥大部分是在表皮，為了避免吃到農藥，可用清水以海綿擦洗，或是直接削皮。削好的蘋果可浸泡鹽水或滴少許的檸檬汁預防變褐色。蘋果保存可放在塑膠袋，置於冰箱冷藏，一般可存放5至7天。

柳橙

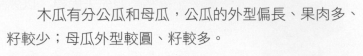

柳橙又稱柳丁，進口的柳橙以香吉士居多。選購的時候以果形圓潤、果皮光滑細緻、果蒂呈青綠色、外觀橙黃色、聞起來有香氣、皮薄沒有損傷者為佳。

如果手輕壓果皮出現凹陷，或是表皮毛孔較小、顏色淡且果紋多，代表水分與成熟度都不夠，品質較差。

柳丁的養分有許多存在果皮及果肉之間的薄膜，吃的時候建議連薄膜一起食用，至於外觀只需要用菜瓜布刷洗，再剝皮即可食用。柳丁皮含有汁液，可以用來去除流理台的油漬，天然又環保。

通常柳丁可放在通風處，但不要先用水沖洗，免得縮短保存期限，沒有吃完可用白報紙包裹，放入冰箱冷藏，約可保存7至14天。

木瓜

木瓜有分公瓜和母瓜，公瓜的外型偏長、果肉多、籽較少；母瓜外型較圓、籽較多。

顏色橘黃、果形完整且飽滿、沒有壓傷或腐爛的木瓜，代表成熟、味道香甜。通常細長形的木瓜肉少、風味欠佳。若是表面有一塊塊綠色斑點，表示有炭疽病，不建議採買。

食用木瓜前可先用手按壓蒂頭，如果感覺熟軟，味道較甜；若是硬硬的，需要多放幾天再吃。

沒有成熟的木瓜須用白報紙包起來，放在乾燥、通風的地方，2至3天後即可享用，至於成熟的木瓜一定要現買現吃。

草莓 ◐

　　草莓含有豐富的維生素C、葉酸等營養，通常顏色愈紅、草莓籽附著愈深、外表光亮、呈現心型的甜度較高。選購時以果粒完整、沒有壓傷或蟲害、果肉堅實與梗緊連、聞起來有香味、白色部分愈少愈好，避免挑選萎縮、有霉點的為佳。

　　為了安全食用，建議將草莓洗淨後，用水浸泡5至10分鐘左右，再逐顆沖洗一次，瀝乾水分後去掉蒂掉，以避免遇水而腐爛。

　　如果沒有立即食用，可先將草莓散開來放，避免重疊，連盒子一起放入冰箱中冷藏。由於草莓不耐存放，最好在3天內食用完畢。

葡萄 ◐

　　選購葡萄的標準以果粒飽滿結實且大小分布均勻、顏色深紫趨黑、富有彈性、整串完好、表面有果粉、果梗翠綠新鮮，品質較優質。白色的果粉並非農藥殘留，如果果粉愈多，甜度愈高。通常果肉軟塌、梗子變褐色、外觀有傷、拿起來會掉粒，表示不新鮮。

　　購買葡萄時，可先詢問商家老闆，若是可以試吃，建議取最下端的葡萄果粒，如果甜度夠，則代表整串葡萄的養分足，品質優。買回來的葡萄尚未食用前，建議不要碰水，可以用報紙包覆，再放到塑膠袋內封緊。

　　食用前，可先將整串葡萄用清水沖洗一次，再以鹽水浸泡約10分鐘，然後用剪刀一顆顆剪下，沖洗3至5次，除去殘留農藥後，即可剝皮食用，如果沒有吃完可放在冰箱冷藏或冷凍，冷藏約可保存3至5天，冷凍可保鮮5至7天。

百香果

百香果的選購以外型寬大、果實飽滿、表皮呈紅紫色、外殼略有皺褶較甜，如果是沒有成熟的果實，不僅酸度高、香味不足，同時還含有過量的氰化物，切勿食用，必須等果籽成熟，氰化物含量才會逐漸消失。

百香果有很多吃法，不怕酸可直接食用；怕酸者，可取果肉加水及少許的果糖打成汁或滴些蜂蜜食用。百香果含有豐富的鉀，能緩和焦躁、易怒、無精打采、食慾不振等情況。百香果通常是存放在室溫與乾燥處，約可保存7至10天，外皮出現發霉的現象，即須丟棄。

葡萄柚

葡萄柚建議挑選果實碩大飽滿、果皮光滑細緻、外觀圓潤、表皮較薄、果香濃郁、觸感飽滿沉重、顏色黃或橘黃色，避免買顏色暗沉、有病蟲害現象的葡萄柚。

用清水略洗乾淨，切開後即可食用，如果有服用紅麴健康食品，建議不要食用葡萄柚，以免產生化學作用。葡萄柚可室溫保存7至10天，放冰箱要用塑膠袋包起來，以免水分流失，保存期限為10至15天。

檸檬

檸檬中的維生素C含量豐富，選購時以皮薄、外觀飽滿、顏色深綠、表面有光澤、沒有乾癟現象、具有芳香氣味的品質較好，應避免挑選色澤暗沉、深黃或有黴點及洞孔者。

檸檬的用處很多，除可以生吃，還能夠打成果汁、去腥味、當做芳香劑等，只要放在陰涼乾燥處，即可保存1至2個禮拜，如果置於冰箱冷藏，可延長至1個月。

櫻桃 ◗

櫻桃為進口水果，分為紅色品種與雪白品種，建議挑選顏色深紅或雪白、顆粒大、果實飽滿、莖梗新鮮者，至於最好的購買時機在早晨。如果外表乾癟有坑洞、莖梗凋萎或色澤暗沉，都是品質欠佳的現象。

櫻桃需要用清水浸泡數分鐘，洗淨後瀝乾水分即可食用。成熟度高的櫻桃不耐久存，最好當天吃完。

一般櫻桃不能夠放在常溫下，因為新鮮度會減低，如果要保鮮，可用塑膠袋包起來，鬆散地擺好再放入冰箱冷藏，適合的溫度為1至3度，約可存放2至4天。

水蜜桃 ◗

應挑選果實飽滿、蒂頭青色、聞起來濃郁果香味、果實愈飽滿沉重，代表愈鮮美多汁，外型的股溝線淺，果頰對稱均勻品質較好。成熟的水蜜桃顏色均勻者甜度也會均勻，但不可用手揉捏，否則會造成壓傷。

水蜜桃採買後，建議將頂部朝上，置放在室溫通風處，如果要延長保存期限，可以用紙巾包裹，再用保鮮膜包覆，再置於冰箱冷藏，不要重疊與擠壓，大約可保鮮2至4天，由於水蜜桃不耐久藏，宜盡早吃完。

食用前先用水先沖洗表面，再用乾紙巾擦拭，因為水蜜桃的營養集中在表皮，而且水蜜桃大部分都是套袋栽種，比較少殘留的農藥，因此建議食用時，可用少許的鹽搓除表面絨毛，再用紙巾擦拭，然後連皮一起吃比較可以攝取營養成分。

奇異果

奇異果除了綠色的果肉外，還包括國外進口的金黃色奇異果。綠色的味道較酸，外形圓潤；金黃色的味道則是哈密瓜和水蜜桃的綜合，外型橢圓、口感較甜。挑選以果實飽滿、表面茸毛完整、不會太硬或太軟為佳，如果聞起來有果香味，蒂頭摸起來有彈性比較成熟。

果實稍軟的奇異果可以直接食用，果肉尚硬時，可放在室溫下2至3天，或是加入蘋果一起存放，具有催熟的效果。奇異果含有大量的膳食纖維，適合有便祕者食用，但因為性寒，過量食用會引起腹瀉。放在冰箱冷藏可保鮮3至5天。

酪梨

酪梨含糖量極低，含有對人體有益的油脂，可以幫助降低膽固醇、增加心肺等作用，而且它也是非常有價值的寶寶副食品，可幫助寶寶成長所需要的養分。如果一顆一次食用不完，可以滴上少許的檸檬汁，再放置在密封盒子冷藏。

在挑選酪梨時，可依照料理需求來選擇熟度，外皮越綠的酪梨通常口感較生，不適合拿來食用或是料理，可選擇顏色偏深色較為軟嫩為佳。

酪梨的果皮呈綠色是未熟成，不能食用，必須放在室溫待果皮變為黑咖啡色澤代表果肉熟成，若要加速酪梨的熟成時間，可以跟香蕉或蘋果（會排出乙烯氣體）一起放入紙袋熟成，而熟成果肉會帶有奶油的香氣。

8. 五穀類

市面上的白米大多是真空包裝,而傳統米店才能買到散裝的白米。通常真空包裝的白米宜選有品牌、信譽好的廠商,且確認產地、品種、生產期及保存期限。

至於散裝的白米可挑選外觀米實飽滿、沒有雜質較佳,建議量以一週為基準,一般長米的口感比圓米好。散裝的白米一旦氧化會產生粉末,可以將手放進米桶裡,若是手上沾白粉,則表示米已劣化變質。

由於乾燥的米容易吸收大量的水分,所以清洗的時間不宜過長,只要用清水洗淨雜質即可。煮出好吃的飯可先將米浸泡約1至2小時,再滴入少許橄欖油,以增加飯的Q度。新米因為含水量多,煮飯時的水量要比陳米少一點,目前加水量的多寡主要以量杯而定。

炎熱的夏季,白米開封後應倒入容器中密封,放在低溫乾燥處,並且在米桶中放入紅辣椒,利用辛辣味防止米蟲生長,或放進冰箱冷藏,也能預防米蟲的發生。

糯米

糯米分為黑糯米和白糯米兩種。黑糯米又稱紫米，是香米的一種，挑選的時候以顏色紫黑、外觀飽滿者為佳，要判斷是否為真的黑糯米，只要用指甲將表面的糊粉層刮除，看看內部是否呈現純乳白色；白糯米可選擇外觀白色、長圓形狀、沒有雜質者。

先用清水將糯米的雜質洗去，烹調前再浸泡10至15分鐘。長糯米通常用來包粽子、做油飯；圓糯米則是湯圓、元宵、麻糬或芝麻球的材料。

黑糯米又有補血米之稱，大多用在產婦坐月子、老人滋補養生等。

糯米的保存方式和一般白米相同，不過，為了保鮮的緣故，建議吃多少購買多少，以免流失營養。

三色黎麥

黎麥又稱為印第安麥，是近幾年來流行的超級食物，主有要三種顏色，白黎麥、紅黎麥、黑黎麥，其中黑黎麥最為少見，紅黎麥因含有鐵質是補鐵的好食品，加上它所含得蛋白質比牛瘦肉還要高，卻沒有什麼熱量，且含有Omega3是人體重要的營養成分，膳食纖維部分也比全麥多了50%。

對於減肥的人而言，黎麥是很耐飽的食物，也因為成分沒有含麩質蛋白，對於麩蛋白過敏的人也可以安心食用，真不愧是超級食物。建議使用細網篩進行沖洗動作，浸泡數小時再煮食。

三色黎麥適合搭配穀類混合煮成主食，增加營養素攝取，亦可做為烘焙原物料，也可以煮成甜粥或鹹粥，或是煮熟冷卻拌入沙拉食用。

糙米 ☾

　　田裡的稻米是連穀包在一起，就像果籽的外皮，如果將外皮除去後，就是一般市面上看到的糙米。挑選的時候以外觀飽滿、表面有光澤、黃褐色較新鮮。

　　糙米是沒有經過精碾的米，纖維質較多，烹調時如果加的水量不夠，會造成米飯粗硬難以下嚥，至於水量的多寡，只要比煮胚芽米再多一些即可，不論烹調或做成料理，都必須先浸泡8～12小時。

　　糙米浸泡適量的水，覆蓋濕布直至長出大約0.2公分的嫩芽，即為發芽糙米。糙米保存時要放在陰涼、乾燥且通風的地方，如果擔心變質，可冷藏保鮮。

蕎麥 ☾

　　蕎麥又名三角麥，還有維生素E與礦物質鎂、鋅，對於降低血脂肪與膽固醇有不錯作用，其膳食纖維又是一般白米的10倍之多，可用於製作麵包或是麵條都是不錯的選擇，挑選購買時要顆粒大小均勻，質地飽滿有光澤的為佳，但一次不可食用太多，以免造成消化不良。

薏仁 ☾

　　薏仁又叫做薏苡仁或薏仁，有紅薏仁和白薏仁之分。紅薏仁是沒有去麩皮的糙薏仁，保有更多的養分和纖維素，但口感較差；白薏仁是市售的薏仁，已經過了去皮和精白的程序，雖然口感好，但養分較少。

　　薏仁因為含的醣類黏性高，吃多會妨礙消化，建議清洗後與白米一起烹調，煮成薏仁飯或煮成綠豆薏仁稀飯。另外，懷孕及經期的婦女應避免食用薏仁，以免導致身體虛冷。

燕麥

燕麥經碾製加工的過程，保有胚芽與部分的麩皮，營養價值高，含有豐富的維生素B群。建議挑選外觀呈金黃色、有穀類的自然香味、燕麥完整飽滿者為佳。

燕麥用清水略洗兩次，除去雜質即可烹煮，不論甜的、鹹的均適合。如果想要在白米中添加燕麥，可先從少量開始再慢慢增加，以免食用過多造成胃脹氣。為了保存燕麥的營養，買回來後應盡快食用完畢。

胚芽米

胚芽米是將糙米周圍覆蓋的茶色種皮除去，挑選時以皮薄、顏色米黃、外觀飽滿、無雜質者佳。目前的胚芽米已有真空包裝，建議購買包裝好的比較新鮮。

因為胚芽米的胚芽部分吸水量強，處理的時候除了將雜質洗淨外，烹調前還必須加入較多的水量。

購買真空包裝，用清水稍微洗過即可。保存時應先裝入密封罐中，置於冰箱冷藏，但應盡早食用完畢。

小米

小米含有維生素B與E以外，還有八種人類所需胺基酸成分，而膳食纖維部分更是接介於糙米，因本身也不含麩質蛋白，用來製成嬰兒食品是不錯的選擇，產期為5～8月最多，因不同品種在口感與外觀上會有些許顏色不同。購買時最好選飽滿大小均勻，顏色白色、黃色、金黃色，且有光澤沒有霉味的，拿起來不會破碎粉粉的為佳，烹調前不用泡水，也不要用手搓洗，用過濾網清洗過數次去除浮質，避免養分流失。

9. 乾豆類

紅豆 ◐

紅豆又稱為小豆、赤小豆，選購時以顆粒飽滿、大小均勻、表皮薄、沒有蟲蛀者品質較佳，至於顏色愈深紅，表示鐵質的含量愈高。

煮紅豆前須以清水洗去多餘的雜質，撈起後瀝乾，再泡水1至3小時。如果擔心紅豆的澀味，只要將紅豆先用水燙過；欲消除浮腫者，可在紅豆煮熟後加點鹽，或把紅豆和冬瓜一起煮。

如果未使用完，建議放在密封罐中，置於陰涼處，避免生蟲變質。

黃豆 ◐

黃豆選購以顆粒飽滿、外觀平滑、顏色金黃、大小均勻為佳，如果有發黑或顏色暗濁、乾癟現象，表示品質不新鮮。

先用清水洗去黃豆多餘的雜質，再浸泡數小時後烹煮，沒有使用完可倒入密封罐中，置於陰涼處保存。

綠豆 ◐

顏色以綠色為主，又分為油綠、黃綠和粉綠三種，應選擇顆粒飽滿、色澤光亮、無乾癟現象為佳，如果顏色灰暗或壓傷，代表品質較差、存放過久。

將綠豆放在水中，用手搓洗數次，除去雜質後即可撈起、瀝乾，烹煮前須先泡水半天以上，才容易煮爛，以增加美味。

由於綠豆屬於寒性食物，如果食用過量會導致消化不良、拉肚子等情況發生。保存時不要放在陽光直射或潮濕的地方，最好放在陰涼處，以免變質生蟲。

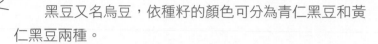

黑豆

黑豆又名烏豆，依種籽的顏色可分為青仁黑豆和黃仁黑豆兩種。

選擇時以顆粒完整飽滿、外觀大小均勻、色澤烏黑光滑為佳，由於黑豆表面的天然蠟質會隨時間而脫落，如果發現研磨般的光澤，切勿選購。

黑豆只要用水輕輕沖洗數次，烹調前浸泡在水中一個晚上，可增加口感。建議將黑豆放在陰涼處保存，如果遇到陽光或潮濕的地方，容易生蟲變質。

花生

花生俗稱土豆，建議挑選大顆飽滿、沒有發芽、表皮有點紅色、摸起來乾燥度高的比較新鮮。

通常長芽的花生是因為受潮的緣故，口感差、不新鮮。另外，聞起來有霉味或腐油味、表面有坑洞者，代表有蛀蟲，不要選購。

先以清水洗淨、瀝乾，烹煮前可用溫水浸泡5至10分鐘。花生一定要放在乾燥通風處，以免發霉感染黃麴霉菌，產生致癌物。雖然炒過的花生可放在冰箱冷藏，但也會因為冷藏時間加長，風味大打折扣。

鷹嘴豆

鷹嘴豆又稱為雪蓮子，是一種高鉀、高蛋白的健康食材，且低糖又高纖，具有穩定血糖的作用。鷹嘴豆是近年最夯的料理開發的新產品，一般除了拿來製作沙拉以外，還可以做成湯品，且又能帶來飽足感，適合加入米飯中一起煮食。

10. 辛香類

(1) 胡椒粉的分類及用法

胡椒粉除了一般常用的白胡椒粉和黑胡椒粉外,還包括紅胡椒粉和綠胡椒粉,主要是因為成熟度與烘焙程度的不同而有所區別。

白胡椒粉 ◖

辣度比較淡,多為粉狀,主要產於馬來西亞、印尼等東南亞地區。有些白胡椒粉粒是把成熟的果籽泡水,去除外皮後乾製,讓顏色變為乳白色而製成。適用於湯類、羹類、勾芡類。

黑胡椒粉 ◖

辣度比較強,多為細粒狀,主要產於馬來西亞、印尼、巴西等地。黑胡椒粉粒是將青色的果籽採收後堆起,任其自行發酵數天後再曬乾,等質地變硬,體積皺縮即完成。適用於鐵板類。

胡椒的種類

●白胡椒
香味較成熟,口味香辣較溫和。

●黑胡椒
香氣帶點辛辣味,口感較為嗆辣些。

●紅胡椒
無辛辣味,但點果實與酸味。

●綠胡椒
辣度最高,最適合表現胡椒特點的品種。

⑵ 薑的分類及保存方法

　　薑依不同的生長期區分，可分為嫩薑、生薑、老薑。老薑採買宜挑選，莖塊要硬實、有重量感，離土時間短較佳。生薑或嫩薑採買，不要挑選外表過於乾淨，以莖塊分佈均勻，肉質堅挺，無化學浸泡的味道較佳。薑如果長芽，只要切除，即能食用。

　　老薑大多是放置在室溫保存，若要延長時間，可埋在乾鬆的土中保鮮，或是將老薑用塑膠袋包起來，再放入冰箱冷藏，建議不要冷凍，以免失去薑味，還有使用老薑要先敲碎，薑味才能釋放出來，而其他的薑如果不馬上使用，千萬不要削皮和水洗。只要用紙巾包起來，放入冰箱冷藏，如此可以防止水分流失，保持薑的新鮮度。

薑的種類

● 嫩薑

栽種大約是4個月，顏色較白，尾端表面有紅色皮，大多用於醃製品；嫩薑多用來煮湯或爆香。

● 老薑

生長期約12個月以上，纖維質多、辛辣度強，一般用於麻油類、三杯類，也可製成薑母茶祛風寒或做成醬料基底之一。

● 粉薑

生長期約7~8個月，每年8～11月是盛產期，適合夏季煮湯。

● 竹薑

外型細長，纖維較紮實，薑味最突顯，香味較為濃郁。

(3) 辣椒的分類及用法

辣椒含有豐富的維生素 A、C，具有禦寒、刺激食慾與防腐的作用。辣椒一般種植期大約是3個月即可採收，適合種植的溫度在25～30度。

辣椒的種類多樣化，還有很多不同的品種，其辛辣度來自於籽及果肉。辣椒在烹調上除了作為調味料外，還可去腥、殺菌，提升新陳代謝力。除此之外，還能以浸泡、醃漬、拌炒、烤、煮等料理手法，帶出辣椒不同的香氣及美味。

辣椒的種類

● 紅辣椒
最常見的品種，辣度中等，香味較少。常用於家常類。

● 朝天椒
味道較辣，常用於四川菜或韓國菜。

● 印度鬼椒
外型圓潤，辣度強，常用於提味，因辣度太高，在料理時要注意用量。

● 墨西哥辣椒
沒辣味，但有辣椒特殊香氣，可做料理點綴用。

● 乾辣椒
經日曬手法製成，常用於宮保類料理。

● 青龍辣椒
又稱糯米椒，微辣，帶皺摺的綠皮，適合拌炒。

你知道在下雨天採收的辣椒，味道比較不辣，原因是水分含量較多；而在乾燥的天氣採收的辣椒，味道會較辣，因為水分含量少。另外，辣椒還可用來製作辣椒醬、辣椒粉和辣油。

辣椒醬

市售產品，也可用辣椒、味噌、香油調製而成。

辣椒粉

取自於烘乾辣椒研磨而成的，是簡便的調味料。

辣油

自行製作的辣油可放入冰箱冷藏，保存期限為一年，每次使用時記得將湯匙擦乾，以免辣油變質。

材料

辣椒粉100公克、大茴香13公克、小茴香7公克

（購買大茴香小茴香共20元即可）

做法

❶ 將辣椒粉、大茴香、小茴香，放入耐高溫油的容器裡。

❷ 將香油600公克倒入鍋中，以中小燒熱，倒入**作法**1，靜置，待涼（或放置一個晚上），將材料撈起、過濾，即成辣油。

※如果不小心吃到太辣怎麼辦？只要取用牛奶或優格就能立即達到降辣的作用，因為乳製品含有酪蛋白的成分，可結合引起辣味的辣椒素，減輕嘴巴裡面的灼熱感。

11. 堅果&果乾類

核桃 ◗

　　核桃是世界四大乾果之一。他本身所含的營養成分很高，本身含有亞麻酸及豐富的蛋白質，其中還有膳食纖維、胡蘿蔔素、維生素E、鉀、鈣、磷、鐵、鋅等。就營養成分比較來說，核桃營養價值是大豆的8倍之多、雞蛋的12倍、牛奶的25倍、肉類的10倍，是一種天然的保健食品。挑選時最好要先聞聞看是否有異味，且手感要稍微重，撥開之後看本身的黃皮與肉有沒有些許的油酯，如果有的會比較好。

　　買到剝殼的核桃，最好準備一個密封罐來保存，以防止吸入其他味道及受潮，變得口感不夠香脆，如已受潮也可在放入烤箱烘烤，以便恢復口感及香味。

胡桃 ◗

　　胡桃，又稱為山核桃，本身含有高亞麻酸及豐富維生素 B 與 E，對於預防心血管疾病有一定作用，且還富有人體所需礦物質，對於小孩子的腦部生長有很大的幫助，是素食者不可或缺的好食材之一，烘烤過後更帶有堅果獨有香味，在料理的變化上有多種層次的運用。

杏仁果 ◗

　　杏仁果的挑選以顏色棕黃、顆粒飽滿、無腐油味、表面沒有乾澀或皺紋現象的為佳，同時要避免選購青色的果仁，因為沒有成熟，新鮮度不夠。

　　杏仁果的處理只要用清水略洗，烹調前再浸泡1小時即可。保存的最佳方法就是倒入密封罐中，置於陰涼、乾燥且通風的地方，以免受潮。

腰果

　　腰果屬於世界四大乾果之一，含有亞麻油酸、維生素B1、維生素A等豐富的營養。建議挑選外觀呈月牙型、沒有蛀蟲或斑點者為佳，如果用手摸起來有黏黏的感覺，表現已經潮濕、不新鮮。

　　用手輕輕搓洗除去雜質，在烹調前須先將腰果浸泡5小時，通常可用來炒菜或做成甜點，由於腰果本身的熱量較高，乾炒是最好的方式。另外，腰果含有較多的油脂，腸炎或腹瀉患者不宜多吃。

　　保存時只要將腰果倒入密封罐中，放在陰涼通風處，或置於冰箱冷藏。

南瓜子

　　南瓜子是來自於南瓜的種子，本身扁平偏長，顏色偏綠，含有相當多營養，例如蛋白質與維生素E，除此之外，還擁有大量的鋅，對於預防攝護腺肥大、預防心血管疾病、掉髮等都有不錯的作用，除了一般可以買來做料理以外，也可以購買用南瓜子壓榨的油品，來為料理上增加更多的變化性與便利性。

松子

　　松子又稱為松仁，為松樹的種子，本身具有極多的營養，除維生素群以外，還擁有可以降低血脂肪的亞麻酸，以及有助於腦部細胞的谷氨酸，所以對於心血管疾病患者及還在成長的青少年都是相當適合的族群。一般在購買時可以檢查外外包裝是否完整，好的松子應該是淡淡白色，並且會散發出一股香濃堅果味，貯存時應先密封，然後放在陰涼處，避免陽光照射變質。

芝麻 ◐

芝麻又稱胡麻，市面最常見的芝麻有黑芝麻與白芝麻兩種，兩者的主要差別在於黑芝麻的鈣、鐵含量遠高於白芝麻，並且擁有較多的粗纖維。

挑選時以外觀色澤均勻、顆粒飽滿、乾燥有香氣者為佳，如果表面出現潮濕或油膩的現象，不宜購買。

芝麻可用來乾炒或煮甜湯。炒芝麻時，要先洗淨後瀝乾水分，再用小火乾炒，直到出味為止。由於芝麻的熱量高，建議不要吃太多，以免發胖。

葡萄乾 ◐

葡萄果實經過日曬、陰乾、人工乾燥等方式製成的食品，從顏色來分辨可以分為紅葡萄乾、綠葡萄乾，白葡萄乾和黑葡萄乾等，因含水量極低，微生物要生長較不容易，因此可以保存很久的時間。

葡萄乾的營養價值非常高，主要成分為葡萄糖及少量膳食纖維與蛋白質、維生素等，但對女性而言他是補充鐵質很好的來源，其中葡萄乾所含有的酒石酸，也是促進消化的好幫手，最後葡萄多酚也是對抗氧化的一大武器。

杏桃乾 ◐

杏桃乾是杏桃經過乾燥而成，含有維生素B17是一種對抗癌症有不錯效果的成分。此外，還有類黃酮能保護心臟，食用杏桃乾還可以降低膽固醇，對於預防心血管疾病也很不錯，維生素E對抗氧化更是好幫手，而杏桃也有潤肺作用。若是要燉煮湯品或是夏日甜品時，不妨加一點在料理裡面，更有提升健康的作用。

蔓越莓果乾

蔓越梅乾是由蔓越莓乾燥而成，本身含糖量也頗高，而蔓越莓本身含有花青素A型，能有效的抑制壞菌，保護尿道等作用，對於抗氧化及改善動脈硬化都有不錯的作用，所以做料理的時候適當加入一些，對於健康跟營養夠更有幫助。

挑選時盡量購買顆粒飽滿，乾燥、口感鮮甜不酸不澀的為佳。

無花果乾

無瓜果乾是由無花果乾燥而成，含有多種多酚類養分，對於抗氧化有極高作用，其中對於眼睛保健更有不錯的輔助作用，礦物質鎂、鈣及維生素K2，對於骨骼修護都有良好的幫助。

此外鎂與鉀對心臟健康也是相當有益，一般市售的無花果乾顏色大多偏黃，在購買的時候最好檢查包裝是否完整，色澤圓潤，帶有果香味為佳。

椰棗

椰棗，又稱之為波斯棗或是伊拉克棗，主要產地為中東地區與東南亞等熱帶國家，本身含糖量極高，內含有多種維生素及礦物質，也是回教國家禁食日會常吃的食物，除了可以製糖以外，還可以拿來釀酒，因果糖分非常單純，甚至可以拿來當作取代糖的代替品，但本身含有的脂肪量卻相當低，對於孕婦及幼兒都是不錯的營養食品，近年來更有不少人會買來代替製作甜品的糖類，是一種相當健康的產品。

12. 南北乾貨

香菇分為國產和進口兩種。國產香菇以味道較濃、菇傘大、肉質肥厚、傘緣內捲、形狀完整、乾燥度好、表面帶有深褐色、傘內為米白色、菇柄愈短者為佳。

進口香菇多為日本花菇及韓國花菇，應挑選傘小且圓、外觀有白色花紋、味道較淡者為佳。不論國產或進口，都須避免選購外表有黑點、摸起來粉粉的、潮濕或有霉味的香菇。

處理時，先用清水洗淨，再用冷水浸泡半小時，而浸泡香菇會浮在水面上，可利用小碗壓在上面，讓香菇完全沉到水裡至完成泡開軟化。此外，為了避免失去香味，浸泡香菇不要使用熱水，避免香氣減弱，而香菇泡好後，必須要擠乾水分，即可烹調。

木耳分黑木耳、白木耳（銀耳）、黃耳、榆耳、雪耳等，市面上最普遍的仍舊是黑木耳和白木耳。

購買乾品時，建議挑選大朵、蒂小肉厚、外觀完整、沒有雜質者為佳。新鮮的木耳以重量愈重、沒有腐爛為原則，如果白色部分出現灰黑斑點，不宜選購。白木耳不要選購顏色潔白、或聞起來有刺鼻味道者。

乾的木耳只要用水泡軟後即可烹調，黑木耳須浸泡一個晚上，也可用熱水浸泡再微波2分鐘，適合炒菜、煮湯、涼拌；白木耳適合甜點，食用前應先浸泡3至4小時，每隔1小時更換1次水，以洗淨二氧化硫的殘餘。

新鮮的黑木耳或白木耳，均可放在密封袋中，置於冰箱冷藏。乾燥的黑木耳或白木耳須存放在陰涼處保存。

猴頭菇 ◑

猴頭菇的頭部呈球形，上面佈滿如頭髮般的針狀菌刺，加上外型很像小猴子的頭，所以又叫做猴頭，是藥膳兩用菌。

新鮮的猴頭菇為白色，乾燥後為淡褐色，選擇時以顏色白中帶黃者為佳。拿起來比較輕，不含水分表示新鮮。

買回來後先用熱開水汆燙，再擠乾水分，浸泡於蛋汁中（如果沒有吃蛋，可用木瓜酵素代替）。蛋汁要調適量的鹽、香菇粉及少許香油，浸泡後放入冰箱一個晚上。隔天放入蒸籠（須事先預熱至蒸氣跑出來），以中火蒸40分鐘即可保持口感、不變黑。

猴頭菇的烹調方式與香菇相同，但須事先將菇體撕成片絲狀，保存方式就是放入冰箱冷藏，約可擺放2至3天。

紫菜 ◑

紫菜，又叫紫荬，是一種藻類植物，顏色有紅紫、綠紫及黑紫，在日本稱做海苔。紫菜又有鮮紫菜和乾紫菜之分，鮮紫菜建議選擇澎湖紫菜，味道較香，沒有雜質；乾紫菜可挑選顏色深紫接近烏黑、皮薄有光澤、沒有破洞者為佳。

鮮紫菜的含沙粒較多，須用大量的水沖洗，瀝乾即可烹調；乾紫菜含鹽，可用清水多洗幾次再烹調，以免味道太鹹。

鮮紫菜或乾紫菜的保存方式相同，只要放入密封袋中，置於冰箱冷藏即可。

海帶

海帶又稱昆布,含有碘、鉀等礦物質。建議選擇日本的海帶或智利進口的海帶頭。挑選方式以顏色深黑、肉質豐厚、表面帶點粉質的為佳。

海帶可先用水泡開,洗淨後浸泡一個晚上,適合煮湯、炒菜或涼拌。海帶放入冷水裡熬煮時,水滾後的10分鐘內,必須將海帶撈起來,以免久煮排出黏液,造成湯汁混濁,失去清爽的風味。

如果烹調的時候加幾滴醋,不但可以調味,還能夠讓海帶變柔軟,增加口感。

海帶須用密封袋包好,放在冰箱上層冷藏,以免水分與養分流失。

牛肝菌

又稱大腳菇或白牛肝菌,中國為世界最大產區,富有蛋白質、脂肪、鋅、鉄、銅、鎂、鉀、鈉等成分,具有清熱解煩、養血和中、追風散寒、舒筋和血、補虛提神等功用,常有切片烘乾菌片,可與蔬菜一起拌炒或是煲湯風味十足。

在料理時可用廚房紙巾稍微擦拭灰塵,再取一碗水浸泡3～5分鐘。牛肝菌本身帶有些許苦味,富有多種胺基酸成分,在烹調時盡量避免高溫油炸,以破壞食材本身的營養價值。

保存時可用紙袋包起後放入夾鏈袋冷藏,需要用時才從冰箱取出即可。

13. 常用養生中藥

紅棗

　　紅棗分為有籽和無籽兩種，有籽紅棗較燥熱；無籽紅棗較溫和。挑選時以顏色暗紅、肉質飽滿、沒有發霉與黏性者品質較好，發現褶紋處發黑、聞起來有酸味、蒂端出現穿孔或咖啡色粉末，就是品質欠佳的紅棗。

　　紅棗清洗過後可用來燉藥、煮湯或做成甜點，但須事先浸泡。乾的紅棗應放在密封袋中冷藏，以免蟲蛀；處理過的紅棗，則是以塑膠袋包好直接冷凍，使用前再依用量的多寡取出即可。

枸杞

　　它是夏日甜湯、冬天暖湯最常見的養生食材，又稱為枸杞子，性味甜，具有補血、補氣、補腎、明目、養肝、安神、益精、減肥、抗衰老、抗疲勞、滋陰禦寒等十二功用。

　　枸杞運用的範圍非常廣泛，在料理上常見的中藥材之一，除了可以添加在湯品之外，還可以搭配蔬菜、甜品或養生茶等使用。

　　枸杞可以挑選有機生產直接吃，或冷泡、溫泡，如果要用枸杞養生，可以每天吃30～50顆（兒童減半）直接咬碎吞服，長時間食用才會有成效。

　　在挑選購買時要注意乾燥的情況，色澤紅潤飽滿的為佳，保存時盡量在一個月內使用完畢，如超過一個月必須冷凍，可用密封袋包起來保持乾燥，才能讓枸杞維持良好的新鮮度。

黃耆 ◑

　　黃耆，又稱之為北耆，顏色偏黃，味甘，具有強身補氣的作用，黃色的稱之為北齊，紅色稱之為晉耆，一般可視料理狀況來添加。黃耆算是一種非常好的中藥材，擁有諸藥之長老的別稱，平時也可以與紅棗、枸杞一起放入水裡熬煮，當成一般飲水來使用。

　　不過如果已經有感冒或是發燒的患者請先不要服用，服用時盡量不要在睡前，可能會因為太過於補氣讓精神太好，影響晚上的睡眠品質。

百合 ◑

　　百合又名白百合或蒜腦薯，分為乾百合和鮮百合兩種，含有豐富的蛋白質、脂肪等營養素。挑選時以外觀潔白、瓣大而飽滿、沒有黑斑、拿起來較重的為佳。通常肉厚的會苦，屬於藥用；薄的外觀透明，口感較甜。

　　乾百合要浸泡冷水一晚，直到膨脹為止；鮮百合須削除尾部黑色的部分，留下白色的花瓣，洗淨後即可烹調，如果沒有馬上使用，先不要處理，以免氧化。乾百合放在乾燥陰涼處保存；鮮百合可用密封袋包好，置於冰箱冷藏。

當歸 ◑

　　味甘，補氣，挑選當歸時避免味道較不自然，本體盡量完整，不要太過於破碎。保存時，可用白報紙包覆後再用夾鏈袋包起，一般冷藏就好，如超過一個月盡量冷凍較佳。

杜仲

味甘溫，補肝腎、安胎、強健筋骨。挑選時，要看是否有染色，可檢查本體的材質是否有像樹皮的纖維，中藥材都有重金屬殘留的顧慮，一般烹調時大多是取湯汁或藥汁，煮過的藥材盡量不要放入口中咀嚼，可以減少重金屬殘留的可能性。

蓮子

顏色偏白黃，有清肺降火，補脾益腎等功用，在炎炎夏日是消火氣的最佳選擇，且蓮子有安神舒壓作用，也很適合做成甜品給課業壓力大的學子食用。

一般在調理蓮子時，可先浸泡熱水使之較軟，這樣在烹調的時間上可以更縮短一些，浸泡完之後可用牙籤將中間蓮芯再清理一次，可讓本身苦味殘留可能性更少，讓煮出來的成品為更加綿密可口。

參鬚

味甘苦平，能補氣安神，本身含有多種胺基酸，還擁有維生素A、B、C與礦物質，可降低血脂肪與增強免疫力，算是非常好的中藥材，購買時挑選顏色較深為佳，體質燥熱的人用量需減少，以免越補身體會上火。

14. 香草植物

香椿 🌙

　　香椿是素食料理中常用的調味料，將香椿搭配植物油攪打細緻成醬汁，適合拌麵、拌飯、塗抹吐司，類似羅勒青醬的風味，讓味覺的層次豐富，食物變得鹹香又美味。香椿有獨特的香味，適合搭配豆腐具有濃濃的香氣，展現出簡單而單純的滋味，美味又健康。

香椿煎豆腐

材料
老豆腐⋯⋯⋯⋯⋯⋯⋯⋯1塊

調味料
香椿醬⋯⋯⋯⋯⋯⋯⋯1大匙
海鹽⋯⋯⋯⋯⋯⋯⋯⋯少許
橄欖油⋯⋯⋯⋯⋯⋯⋯少許

香椿醬

做法

1　將豆腐切成厚片，正反面抹上少許海鹽，煎至兩面金黃，備用。

2　熱鍋加入橄欖油與香椿醬，放入豆腐拌勻，即成。

九層塔 ☾

九層塔的別名又叫做千層塔、羅勒、七層塔，一般用於炒類、煎蛋、爆香或調醬。

九層塔醬製作：九層塔100克、橄欖油200CC、腰果100克，放入果汁機中攪打，完成後加入少許的鹽和香菇粉攪拌均勻，放入冷藏，可用來塗麵包或拌義大利麵。未用完的九層塔可用白報紙包裹，放入塑膠袋內，再放入冷藏，可避免水分的流失。

塔香茄子

材料

茄子	2根
辣椒片	1根
杏鮑菇	1根
九層塔	50公克
薑片	少許

調味料

醬油	1大匙
番茄醬	1大匙
香菇粉	1小匙
糖	1小匙

做法

1 茄子、杏鮑菇分別切滾刀；起油鍋先將茄子與杏鮑菇炸至金黃色，備用。

2 熱鍋放入少許油，放入薑片、辣椒爆香，加入其他的材料與調味料拌炒，即成。

香菜 ☾

香菜又名胡荽、香荽，含維生素C、胡蘿蔔素、維生素B1、B2等，還含有豐富的礦物質，如鈣、鐵、磷、鎂等營養成分。香菜是中式料理點綴及提味最佳的配角。根據最新的醫學研究，香菜是很好的解毒劑，能夠幫助腎臟排除重金屬，它是健康養生的香草食材。

泰式沙拉

材料

青木瓜	半個
辣椒絲	1根
小番茄	10顆
香菜	20公克
薑	少許

調味料

檸檬汁	3大匙
香菇粉	1小匙
糖	1小匙
胡椒	少許

做法

1 青木瓜，去皮，切絲；小番茄洗淨，切對半。
2 全部的材料、調味料放入容器中拌勻，即成。

茴香

　　茴香籽到莖葉皆是可食用的香草植物，其風味有點類似山茼蒿加上香菜的綜合體，氣味較為清新，具有特殊香味的綜合體，通常用於餡料、醬汁、生食、熱炒、烘烤等使用。

　　取用麻油、薑絲炒茴香，可以為坐月子的產婦補身，因為茴香含有豐富的鈣質，同時也能增加腸胃蠕動，味道清香，營養價值也很高，如果有時間也可試做看看茴香蔬菜餅，絕對讓人讚不絕口！

茴香蔬菜餅

材料

南瓜	50公克
新鮮茴香	100公克
低筋麵粉	70公克
在來米粉	30公克
水	60公克
油	1小匙

調味料

鹽	少許
胡椒	少許
糖	少許

做法

1 南瓜刨成細絲；茴香切成小末，備用。

2 全部的材料、調味料放入容器中混合拌勻，即成麵糊。

3 熱鍋放入少許油，放入麵糊將兩面煎至金黃，即成。

薄荷葉 🌑

　　薄荷葉是唇形科植物，主要分為胡椒薄荷、綠薄荷等，具有清涼的口感，其清新優雅的味道較適合用來提味。通常都是取部分新鮮葉子使用，它能促進食慾解膩，特有的清涼味道，具有紓緩疲勞、提神的作用，適用於飲品、沙拉或調味使用。

　　不過在夏季吃冰涼的西瓜消暑解熱，也可以嘗試取用新鮮薄荷葉＋西瓜一起食用，含在嘴裡的口感，冰爽微甜又清新，整個人仿佛坐上時光機回到初戀的時光。

薄荷梅子茶

材料

醃青梅	4顆
紅茶包	1個
薄荷葉	適量

做法

1　全部的材料放入玻璃壺內，倒入煮沸的熱水，加蓋燜約 5 分鐘，即成。

迷迭香

　　迷迭香外型特殊容易辨識，只要有少許的露水就能存活，非常容易種植，用手搓揉就可以聞到馥郁的香味，其味道甜中帶些微苦，清新的香氣可以提神醒腦，通常用於烘烤類的料理使用。

　　在傳統的地中海料理常會添加迷迭香增加食物的層次風味，但建議必須先將迷迭香剁碎之後，味道才會產生出來，但是用量過多會產生苦味。

迷迭香素排

材料

板豆腐	1塊
鷹嘴豆罐頭	1罐
迷迭香	適量

調味料

胡椒粉	少許
油	少許
鹽	少許

做法

1 板豆腐、鷹嘴豆放入調理機打碎，加入調味料拌勻，整形成素排狀。

2 熱鍋放入油加熱，放入素排煎至兩面金黃，即成。

百里香 ☽

　　百里香是唇形科植物，含有豐富的鐵質，其香氣與防腐功能源自本體的百里酚成分，亦有廣泛運用在花草茶，或提煉運用於精油製作，香味更加顯著。

　　百里香帶有穩重清純的芳香氣味，為實用與藥用的香草植物。百里香可以搭配薄荷、薰衣草沖泡成茶飲，可以紓壓及助消化。

百里香烤菌菇串

材料

杏鮑菇	3根
青椒	1顆
紅甜椒	1顆
百里香	30公克

調味料

胡椒粉	少許
岩鹽	少許

做法

1　將杏鮑菇切塊；青椒、紅甜椒洗淨，切大片，分別用竹籤串起。

2　百里香切末、加入調味粉一起灑上烤串上面調味。

3　烤箱預熱 180 度 10 分鐘，放入烤串烤約 15 分鐘，即成。

咖哩葉

　　咖哩葉是東南亞料理常見的香料植物，會散發柑橘味的香料植物，尤其是將新鮮的葉片搗爛時香味更加的明顯。

　　而乾燥的葉片可先乾烤，讓氣味更加容易散發，其香味複雜又有多種香味組成，常用於燉煮類料理使用。

南洋青辣椒燉菜

材料

茄子	1根
番茄	1顆
紅甜椒、黃甜椒	1個
青椒	1個
青辣椒	5根
咖哩葉	20公克
矢車菊	1朵

調味料

胡椒粉	少許
香菇粉	少許
鹽	少許
印度什香粉	1大匙

做法

1　全部的材料分別洗淨，切小丁。

2　熱鍋入油，放入咖哩葉爆香，加入全部的材料（除矢車菊）拌炒至出水。

3　等收汁後，放入全部的調味料拌勻，搭配矢車菊，即成。

香茅 🌙

香茅為禾本科植物帶有檸檬般的香氣，為最具東南亞風格的香草植物，其用途非常的廣泛，香味具有驅蚊、抗菌的萬用香料植物，亦能用於入菜做料理，同時也能煮成香茅水，加檸檬、冰糖製做成夏季消暑的飲品，也有常用於湯品與烘烤使用。

南洋風味酸湯

材料

玉米	2根
長豆	50公克
牛番茄	2個
羅望子	2匙
香茅	1根
花生	50公克
素高湯	500cc

調味料

胡椒粉	少許
鹽	少許

做法

1　將玉米、番茄切塊；長豆洗淨，切長段，備用。

2　熱鍋放入素高湯、全部的材料與調味料，以中火燜煮 15 分鐘，即成。

月桂葉 🌙

　　又名玉桂葉或天竺葉，具有防腐效果與去腥，常用於燉煮類料理使用。月桂葉是取自於月桂樹的葉片，常見為乾燥後的產品，對於消除腥味有顯著的效用，但是過度烹調，則會增加苦味，可先乾鍋拌炒過，或放入烤箱微烘烤出至有香味散出，再用於烹調，讓月桂葉的味道更加顯著，提升料理的美味指數。

野菌菇燉飯

材料

素高湯	150CC
壽司米	100公克
鮑魚菇	100公克
鴻喜菇	100公克
紅甜椒	半顆
黃甜椒	半顆
月桂葉	4～5片

調味料

壺底油	1大匙
胡椒粉	少許
海帶粉	少許
油、鹽	各少許

做法

1　將所有的材料（除壽司米），切小丁，備用。

2　熱鍋加入鮑魚菇、鴻喜菇、紅甜椒、黃甜椒拌炒，放入調味料、素高湯。

3　將洗淨的壽司米放入電鍋，倒入做法 2 後，按下開關煮至熟。

4　打開鍋蓋，檢查米粒的煮熟拌勻，即成。

二、廚房必學技巧

1. 廚房清潔

回鍋油的處理方法

　　油炸食物的時候通常都需要使用大量的油，才能炸出香脆又可口的成品，但是回鍋油如果重複使用，會因為油炸食物殘渣的存留而產生異味，要將油倒掉又會覺得可惜。為了保存回鍋油，建議可將家中剩下的飯放入鍋中油炸即可恢復油脂的清澈。如果不使用，可將油用塑膠袋或容器裝好，交給專業回收油單位處理。

流理台的清潔法

　　流理台的清潔會因為材質的不同而有差異：

❶ **美耐板或大理石面的流理台**：只要將清潔劑倒在微濕的抹布上擦拭，油污重的時候再用菜瓜布刷洗。

❷ **不鏽鋼流理台**：用乾布將台面的水擦乾即可，如果出現鏽斑，可先撒上去污粉，再用含有砂質的菜瓜布刷洗。

❸ **排水口除臭**：食鹽加上少許的水調勻，將鹽水順著排水口邊緣倒入，約半小時後再沖水。

❹ **水龍頭**：如果產生發黑的現象，可用乾的抹布沾麵粉或牙膏擦拭，再用濕的抹布清潔一次就能恢復光亮。

瓦斯爐的除垢法

瓦斯爐的保養在於每次使用後隨時擦拭乾淨，以免湯汁或茶漬堵塞出火孔，一般的除垢方法如下：

❶ 烹調完後，立刻用微濕的抹布擦拭表面，因為一旦爐子冷卻，油垢就難以清除。

❷ 至於難清的污垢，可將中性清潔劑倒在較細的菜瓜布上刷洗，或用小蘇打粉加熱水清洗。

❸ 瓦斯爐不可用鋼刷或酸鹼性強的清潔劑，以免破壞爐面的材質。

❹ 爐架和爐嘴要定期用清潔劑刷洗，待乾燥後再裝回使用。

洗碗槽的清潔妙方

清理洗碗槽只要用濕的菜瓜布沾上黃豆粉、茶粉或太白粉刷洗，就能夠去掉槽內的油膩，至於洗碗槽內的過濾器，清洗前建議先用熱水沖掉表面的黏稠物，再將洗碗精倒在菜瓜布上刷洗。

為了避免過濾器沾上太多的食物殘渣，可用市面上販售的垃圾收集網或不用的絲襪套在濾器上，平常只要更換濾網，一個禮拜再清洗過濾器即可。

另外，滾燙的油切勿直接倒在洗碗槽上，以免水管遇熱扭曲變形，造成堵塞的現象。

砧板的保養祕訣

砧板是廚房中最易滋生細菌的廚具，一般家庭中都必須備有三種砧板，每種砧板的用途與保養均不同。

木質砧板

因為重量重、質地較不會滑動，缺點是容易留下刀痕，藏污納垢。清洗的時候要順著木紋的方向，由上而下刷洗乾淨，只要自然風乾即可。

塑膠砧板

切生的蔬菜，質地較硬且輕，取用時可在砧板下面墊一塊抹布，以防止滑動。塑膠砧板只要用清潔劑刷洗乾淨即可，如果要消毒，可用濕抹布沾點鹽擦拭，或浸泡在加醋和鹽的熱水中。

強化陶瓷砧板

切水果和熟食，砧板的表面光滑，四個角落均有防滑設計，每次使用完，只要倒入清潔劑刷洗乾淨再風乾即可。

2. 用具保養

玻璃杯的保養與除垢

　　玻璃杯買回來可洗用鹽水煮過，之後使用就比較不容易破裂。

　　清洗時，建議在洗碗槽的底部鋪上乾淨的抹布，以防止手滑打破玻璃杯。想要讓杯子恢復光亮，可在溫水中加入適量的鹽或白醋，以海綿洗淨再擦乾。

　　如果杯內沾有茶垢，只要將檸檬皮放入杯中，倒進溫水浸泡3小時後沖洗乾淨，或在杯內加入1匙的鹽（用量可視杯子的大小而定）及少許的水，浸泡5分鐘，再用菜瓜布輕輕刷洗，茶垢立刻清除，此種方法亦適用在茶杯或咖啡杯。

烘碗機的清潔與保養

　　洗好的碗筷放入烘碗機之前，要先將水滴乾。由於烘碗機使用的時候，水蒸氣會排出，因此不可在上面覆蓋抹布或毛巾，以免影響蒸氣散發。

　　烘碗機內的籃架高度如果接觸到底部的金屬，可能會導致熔化的現象，而釋出有毒的塑膠味。烘碗機的頂蓋和碗籃都可以直接用海綿沾中性洗潔劑清洗，底座的外殼建議用濕的抹布擦拭，至於金屬部分，只要用微濕的衛生紙擦掉髒的污垢，再用乾的衛生紙擦一遍，就能預防材質生鏽。

如何去除冰箱的臭味

去除冰箱的臭味，可以利用以下的方法：

❶ 茶葉：將泡過的茶葉放在容器中，置於冰箱的出風口，即可除去臭味。

❷ 檸檬：擠完汁的檸檬放在冰箱內，可當做天然的除臭劑。

❸ 活性碳：活性碳用紗布包起來放入冰箱，也可吸收異味，不過要記得定期更換。

❹ 咖啡渣、小蘇打粉：咖啡渣或小蘇打粉倒入容器中，放在冰箱的出風口，對於吸收臭味很有幫助。

❺ 竹炭：將竹炭直接放入冰箱亦能除臭。

❻ 鹽水：鹽水倒入杯中，放在冰箱內，可達到除臭的效果。

熱水瓶的使用與除味

　　熱水瓶使用時應先裝溫開水，靜置1小時以上再注入熱開水，慢慢加溫，如果一開始就倒入熱開水，會造成內膽突然接觸高溫而破裂。

　　通常熱水瓶必須每半個月清洗1次，以避免水垢的累積。目前市面上有專用的清潔劑，主要為食品的成分，方法就是將清潔劑放入裝滿冷水的瓶內，約8小時之後將水倒掉，用清水洗乾淨。

　　另外，也可在水中滴入白醋、檸檬汁或蘇打粉放置一晚，隔天再洗淨。建議平時加水前先將插頭拔掉，即可防止漏電的危險。

快速磨刀的方法

　　一般而言，菜刀使用半個月就必須磨一次，磨刀的方式可分為以下幾種：

磨刀器

　　主要是利用鋼輪和陶瓷輪磨利刀刃。方法就是將刀子擦乾淨，輕輕在磨刀器上單向磨動數次，再用清水沖洗即可，市面上售價約在三百至一千元之間。

磨刀石

分為粗的磨刀石和細的磨刀石兩種，粗的用來磨刀子的缺口；細的用來磨刀鋒。

使用時先將刀子用熱水燙一下，或事先浸泡鹽水30分鐘，然後放在磨刀石上，邊磨邊澆鹽水即可。

瓷碗

使用瓷碗的碗底當作磨刀器，將刀子順著同一個方向研磨。

磨刀棒

刀子放在磨刀棒上，以左右來回的方式摩擦。

Part3
大師不傳的調味祕法

一、調味料的妙用

1. 食用油

(1) 油的種類與選擇

油的種類一般可分為黃豆油（沙拉油）、棕櫚油、玉米油、橄欖油、葵花油、芥花油、芝麻油、花生油、苦茶油、精緻油（豬油）、椰子油、奶油、葡萄籽油、紅花籽油等。

在選擇上則建議挑選知名品牌、信譽好的廠商，同時有「正字」標記、廠商名稱與地址、製造及保存期限者為佳。另外，可搖搖看瓶內是否有雜質。如果是桶裝油，需注意桶子的表面有沒有膨脹，以避免買到品質不新鮮的油。

除了上述方法外，也可依照烹調方式來選購：

奶油、椰子油、棕櫚油	屬於飽和脂肪酸	可用來涼拌、煎、炒、煮、炸。
橄欖油、苦茶油、芝麻油、花生油、芥花油	屬於單元性不飽和脂肪酸	可用來涼拌、煎、炒、煮，盡量避免油炸。
紫蘇油、黃豆油、葵花油、葡萄籽油、紅花籽油	屬於多元性不飽和脂肪酸	可用來涼拌、煎、炒、煮，不適合高溫油炸。

食用油的保存及處理重點是避免陽光直射及放在高溫處，然後盡量少跟空氣接觸，可避免油脂氧化。此外，廢油有會阻塞排水管，不建議用水沖，最好是倒入裝有紙巾的塑膠袋，再放入可燃性垃圾處理。

(2) 大豆油的使用方法

大豆油大多是用來煎、炒或是低溫油炸。油炸食物時，如果取用花生油和沙拉油兩者混合（一比一），可以防止食物殘留油味。

另外，使用大豆油時，建議先放薑片以小火慢慢油炸至有薑香味，撈起薑片渣，放入蔬菜拌炒，可以增加蔬菜的香味，提升口感的層次。此外，為了要避免大豆油變質，有以下幾種方式：

❶ **不要過熱**：炒菜不能將油燒到冒白煙再烹調，因溫度過高會引起油變質。

❷ **除去殘渣**：炸過食物的沙拉油要將殘渣濾除，以免導致油變質。

❸ **防止二次油炸**：炸過的油要盡快用完，除了煎、炒，不可再重覆油炸。

❹ **新舊油不混合**：新、舊油應分裝在於清潔容器，以免油產生變質。

(3) 苦茶油的使用方法

苦茶油的發煙點225度亦比橄欖油的160度來得高，與橄欖油並列為第一道初榨食用油，除了適用於涼拌外，苦茶油烹調時不易產生對呼吸道及肺部有害之油煙的特性，更適合東方人習於高溫的烹調方式，如今逐漸成為注重健康的家庭所倚重的油品。

在2010年07月《康健》雜誌選出「台灣18種超級食物！防癌、抗老、有活力」報導中，油脂類只有「苦茶油」上榜！苦茶油可說是最符合人體細胞營養比例的一種食用油。苦茶油可用來生飲、炒菜、涼拌及油炸（耐高溫不變質），也是產後婦女調理身體的最佳食用油。

目前市面上的苦茶油有區分為「紅花大菓」、「茶葉綠菓」、「金花小菓」等三種品種。此外，苦茶油的發煙點在225度，如果長期使用苦茶油當料理油，可以減少廚房的油煙，對於家庭主婦的健康也會比較有保障。

紅花大菓　茶葉綠菓　金花小菓

▲苦茶油有三種不同茶籽壓榨而成的產品。

⑷ 葵花油的使用方法

葵花油的多元不飽和脂肪酸含量高，能夠幫消費者減少對飽和脂肪酸的攝取，而且可以增加食物的美味，有效降低膽固醇。由於葵花油的油脂穩定，不易起油煙，所以不會對肺部健康造成負擔，適合用來煎、煮、炒、炸。

⑸ 芝麻油的使用方法

芝麻油有分為二種黑麻油及香油。麻油在醫療上具有抗菌、隔離、保濕、潤滑等作用，通常用來熱補，例如產後婦女坐月子或是冬天用麻油做薑母鴨有袪寒作用。

另外，未經加熱、加薑前的麻油，在醫學上稱為「涼補」；反之，加熱再加薑的就是「熱補」。熱補除了能夠保暖、加強新陳代謝，還可以預防子宮動脈硬化的阻塞。麻油最常使用的烹調料理，如麻油麵線、麻油炒川七蛋等，利用麻油炒青菜，更能增加菜的香味與營養。

⑹ 橄欖油的使用方法

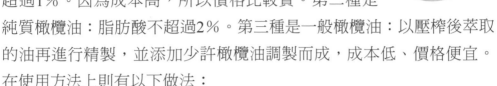

　　橄欖油分為三個等級：第一種是特級橄欖油：以橄欖果實壓榨的原汁，純度最高，所含脂肪酸不超過1％。因為成本高，所以價格比較貴。第二種是純質橄欖油：脂肪酸不超過2％。第三種是一般橄欖油：以壓榨後萃取的油再進行精製，並添加少許橄欖油調製而成，成本低、價格便宜。在使用方法上則有以下做法：

❶ **醃製**：使用橄欖油醃製食物，可豐富香味及口感。

❷ **煎、炒**：可降低油膩感，減少洋蔥的辛辣味與番茄的酸度。

❸ **涼拌**：將橄欖油、檸檬汁和水果醋一起涼拌，可保持蔬菜的顏色與脆度。

❹ **煮**：烹煮時加一點橄欖油，可增加飯的Q度，還可防止麵條黏鍋。

2. 醬油類

醬油的選擇及使用方法

　　醬油品質的優劣與原料及製造方法有關，例如好醬油是以純釀法製作，不含防腐劑，而總氮量高，代表醬油品質愈好，相對價格也可能愈高。

　　建議挑選知名品牌、信譽好的廠商，同時要注意製造與保存期限，並看清楚成分的標示，避免選用含防腐劑與化學成分的醬油。例如：將瓶身拿起來左右搖晃，觀察依附在瓶身的醬油越多往下流的速

度愈慢，代表醬油的純度高，然後觀察上面的氣泡愈細緻愈慢消退，代表品質愈好。純釀造的醬油開封後必須要存放到冰箱冷藏，可以抑制菌類發酵。醬油的種類多，而使用的調味烹調法也有所差異：

薄鹽醬油 ◐

鹽的含量約為一般醬油的二分之一，適合老年人與高血壓患者。

薄鹽醬油

蔭油膏 ◐

分為鹹蔭油膏和甜蔭油膏（當作沾醬使用），醬汁濃稠是添加約10～15％的糯米。高級蔭油膏會加入柴魚，因此建議全素者改用素蠔油（添加香菇精或香菇粉）。

蔭油膏

陳年醬油 ◑

將發酵成的醬油醪放置兩、三年後再壓榨、殺菌而成，可用來炒菜或調味。

陳年醬油

素蠔油 ◑

以香菇濃縮萃取鮮味再調製而成的醬，用於炒煮與沾拌都適用。

素蠔油

3. 醋類

醋的分類及使用方法

食醋的種類大致可分為釀造醋、合成醋和加工醋三種。

❶ **釀造醋**：含有澱粉質、糖類或酒精的原料，加入醋酸菌（一種微生物），發酵產生酸味，再過濾製作而成。如果以水果為原料做成的醋稱為水果醋，例如蘋果醋、鳳梨醋。另外，以酒精為原料製成的即為酒精醋；以酒槽或酒粕為原料製造而成的，即為酒槽醋。

❷ **合成醋**：以人工合成，沒有經過微生物發酵，只是將冰醋加以稀釋，再加上胺基酸、有機酸、果汁、調味汁、香料、著色料等調製而成。

❸ **加工醋**：將釀造醋和稀釋的冰醋酸以一定比例混合而成。目前市面上的醋多為這類加工醋，例如烏醋。

一般常用的醋為水果醋、烏醋、白醋和紅醋。

水果醋 ●

酸味較為自然，香氣帶有果香，大多用於沙拉類或醬汁調味，可以增加清雅的果香味。

水果醋

烏醋 ●

酸味及香味較為溫和。適用於羹類或麵類食物，例如；麵線、肉羹、炒麵、拌麵等。

烏醋

白醋

酸味及香氣高，適用於湯品、醃製、沾醬或涼拌。一般使用白醋拌薑絲可除腥、祛寒。太鹹菜餚或醃漬食物可取白醋中和味道。

白醋

紅醋

每家廠商做法不同，主成分是糯米，有些會加入紅麴菌或是紅葡萄汁等來製作，顏色偏紅，酸度較低。

紅醋

4. 糖類

糖的分類及使用方法

糖的主要原料為甘蔗，可以幫助食材吸收水分及防止食材乾燥的作用，適用烹調料理，添加於醬汁，更是製作甜點不可或缺的材料。可分為紅糖、冰糖、砂糖、白糖等四大類。

紅糖

又稱為天然糖或有機糖，主要以甘蔗榨汁雜質後熬煉而成，有甘蔗蜜香，沒有添加化學物，是退火消暑的極品。紅糖適用於甜點、煮豆湯、冰品、飲料、白木耳、年糕及一般西點。

紅糖

砂糖 ◐

蔗糖經溶解、去雜質後結晶而成，沒有添加化學物，含豐富礦物質及維生素。砂糖適合用於甜點、煮豆湯、冰品、飲料、製餡、年糕及一般西點。

砂糖

白糖 ◐

顏色潔白、入口即化的粉末狀糖，以甘蔗砂糖與液糖調製而成。白糖適合於沾食水果、粽子製餡、糕餅西點與一般調味料理。

白糖

冰糖 ◐

又稱為金冰糖、克晶冰糖和晶冰糖三種。金冰糖為金黃色的晶形冰糖，是甘蔗砂糖經過多次結晶煉製而成，沒有添加化學色素。克晶冰糖、晶冰糖則是高純度的晶形冰糖，由精煉白糖經過溶解與多次結晶煉製而成，沒有添加化學物。冰糖適用於咖啡、紅茶及各種冷熱飲料的調味。

冰糖

楓糖 ◐

楓糖是楓樹的樹汁，主要的產地是北美洲，又以加拿大的魁北克省生產的楓糖為世界聞名。楓糖含有濃郁的香氣，甜中帶點微酸，熱量比一般的糖稍低，且含有益的礦物質，適合製作甜點，如布丁、鬆餅等或調製醬料。未開封可保存室溫，開啟後需冷藏。

楓糖

125

5. 鹽類

鹽的分類及使用方法

鹽的主要作用，除了調味外，還可以去除食材的苦味、水分、抑制微生物生長，還能讓食物的色澤更鮮艷，同時也可以去除秋葵、水蜜桃表面上的絨毛以及增加麵粉的黏性。食用鹽使用方法則如下：

食鹽 ◐

最常見的種類，鹹度高可用於食材脫水與調味料理使用。用於烹調、醃製食物、洗滌蔬菜水果或是刷牙漱口。

食鹽

喜馬拉雅山玫瑰鹽 ◐

顆粒最為粗，含有微量礦物質可作為烘烤使用。適用於做燒烤食物的調味、或用於拌或炒的蔬菜。每天攝取含有自然界94種礦物質的喜馬拉雅山玫瑰鹽是人類獲取礦物質最好的來源。

喜馬拉雅山玫瑰鹽

岩鹽 ◐

顆粒最為粗，含有微量礦物質可作為烘烤使用。適用於做燒烤食物的調味，或用於拌或炒的蔬菜。

岩鹽

風味鹽 ◐

將其他食材香味與鹽結合，賦予鹽巴的細緻度。可用於菇類的燒烤使用。

風味鹽

6. 粉類

(1) 麵粉

麵粉

麵粉一般分為全麥粉、低筋麵粉、中筋麵粉、高筋麵粉及澄粉。而使用方法如下：

❶ **全麥粉**：全麥粉是以高筋的小麥磨製，或是將磨好的麵粉加上胚芽與麩皮還原而成，含有豐富的纖維素與礦物質，用於饅頭類與麵包類。

❷ **低筋麵粉**：筋度較低，用於西點及蛋糕類。

❸ **中筋麵粉**：筋度介於低筋與高筋之間，用於一般麵食及油炸類。

❹ **高筋麵粉**：蛋白質含量高、麩質多、筋性較強，用於油條、包子、饅頭類。

❺ **澄粉**：又稱澄麵，汀粉、小麥澱粉，是一種無筋的麵粉，主要成分為小麥，可用來製作各種點心，例如粉果、腸粉等。

(2) 地瓜粉

地瓜粉

地瓜粉又稱樹薯粉，一般為顆粒狀，分粗粒和細粒兩種。地瓜粉的使用方法與太白粉一樣，只要將其溶於水中再加熱就會呈現黏稠狀，而且黏度更高。

樹薯粉

地瓜粉多用在中式點心的製作、羹類食物，也可以用於油炸類或質地較粗的食物，例如素排骨、素雞塊等，可使用粗粒的地瓜粉，增加酥脆的口感和表皮的視覺效果。至於食物炸酥後，不要將調味料淋在上面或是回鍋油炒，以免外皮變軟，湯汁也會黏糊。

(3) 馬鈴薯粉

馬鈴薯粉

馬鈴薯粉,在中國大陸稱為土豆粉(土豆在大陸指的是馬鈴薯),如果加熱水調煮後,就會還原成為馬鈴薯泥。馬鈴薯粉通常用於西式麵包或蛋糕中,因為可以增加食品的濕潤感。

很多人誤以為馬鈴薯粉只有澱粉和熱量,事實上它不僅沒有膽固醇、飽和脂肪酸,而且含有大量的鐵質、鉀、維生素、纖維質、礦物質和複合性碳水化合物(醣類)等。

(4) 麵包粉

麵包粉

麵包粉大多用於油炸類食物,除了市面上可購買之外,亦可自行製作。製作方法就是將吃剩的吐司放入烤箱烤脆,再用手捏碎即可。

一般市面上的麵包粉顆粒較粗,因此油炸的時候比較容易燒焦,也不容易黏附,因此建議先將油炸品醃製入味後,再沾一層地瓜粉、蛋汁,最後才沾上麵包粉油炸。

(5) 玉米粉

玉米粉

玉米粉分為細顆粒狀及粉末狀,細顆粒狀的玉米粉多用於糕點類、雜糧麵包或撒在烤盤上來防止沾黏,至於粉末狀的黃色玉米粉多用在餅乾類。

一般製作蛋糕會加入少量的玉米粉,以降低麵粉筋度,增加鬆軟口感,如果玉米粉的用量過多,會造成蛋糕粗糙、口感乾粉。另外,玉米粉也可製作派餡或塔餡;在中式料理中,玉米粉也可用來勾芡。

(6) 起司粉

起司粉又稱為乳酪粉，一般為長管狀包裝，有點鹹味，顏色如同象牙。

起司粉

起司粉除了用在烹調及烘焙外，也可灑在沙拉上直接食用，烘焙方面多以焗烤類為主。

起司粉屬於乳製品，因此含有豐富的蛋白質、維生素 B 群和鈣質，可以增加食物的香味。起司粉也是高熱量、高脂肪的食物，如果擔心發胖，建議少量攝取。

(7) 脆酥粉

脆酥粉多用於油炸類的食物，例如中式點心、西式速食、烘焙麵包以及甜甜圈等。

脆酥粉

通常脆酥粉與水調合均勻之後，即可當作麵衣。凡是油炸類食物加入脆酥粉，就可以讓表皮更加酥脆。另外，如果要增加香味及營養，可依個人喜好添加洋香菜、白芝麻、黑芝麻或海苔粉。

海苔粉

(8) 藕粉

具有蓮藕的營養成分又有鐵質，為素食者攝取鐵的重要來源之一。

可用於勾芡料理，或是與其他堅果類一起打成粉泡水食用。

藕粉

7. 其他類

(1) 味噌的種類及保存

味噌的種類可依材料、顏色和口味不同做區分。

❶ **材料**：麴菌不同，味噌的種類也不同，例如米麴做出米味噌、麥麴做出麥味噌、豆麴做出豆味噌等。

❷ **顏色**：高溫製作且發酵時間愈長的味噌，顏色愈深；反之，則愈淡。因此，又可分為白味噌、淡色味噌與赤味噌三類。

❸ **口味**：依照麴菌和鹽的比例而定，麴菌放得愈多，味噌的口味偏甜、偏淡，屬於甘口；鹽放得多，口味偏鹹，則屬辛口。

在使用方法上，味噌可用來醃漬小菜、作為淋醬或拌醬、燉煮食物、燒烤料理或火鍋湯底。

另外，味噌買回來後如果不馬上使用，應該放在冰箱冷藏。挖取味噌時，必須用乾淨且乾燥的器具，以免造成味噌發霉。

至於未使用完的味噌，需將蓋子蓋緊，再放入冰箱。

❶ **取代調味**：使用味噌料理時，可視烹調情況來調整調味料的多寡，也可以用味噌來取代鹽的使用量。

❷ **入菜使用**：由於味噌是經過發酵過的材料，用於入菜料理可依據個人呈現的風味進行用量的加減。

❸ **調製醬料**：如果要將味噌加入高湯或開水時，溫度不可過於太高，如溫度過高會破壞味噌本身釀造的風味，所以建議在調配醬料時，應是使用冷溫液體調合，才是正確的烹調觀念。

⑵ 滷包的材料與烹調技巧

製作滷味食物時，除了主滷汁與材料以外，還有上色與入味的技巧，當材料在下鍋滷製前，可先將食材下鍋油煎，讓表面進行焦化，這樣在滷製時能讓食材上色情況更加良好。

此外浸泡滷汁也是很重要的步驟，有些食材不適合一直高溫滷製，所以當滷汁與食材煮滾之後，適時的蓋上鍋蓋，利用熄火浸泡也是很重要的入味技巧，依照不同食材來決定料理時要熱溫浸泡食材，還是冷溫浸泡食材，以達到入味的效果。

製作滷味在烹調上有些小技巧，必須要特別注意，完成後，可以先品嚐味道，如果覺得食物的味道不足，可以選擇適量加入素蠔油1小匙，或是香菇粉1小匙調味，但建議不要吃過於重口味。

自行製作滷包可以到中藥店購買以下材料：花椒8公克、大茴香7公克、小茴香4公克、甘草5公克、草果2公克、乾的南薑片3公克等，全部材料加總共約20元即可。

製作滷味的烹調做法：先取老薑1塊敲裂，炒鍋放入600CC的水，放入滷包、老薑、大辣椒1條、芹菜1株，再倒入高級醬油、香菇粉和適量的冰糖煮沸，以中小火煮約10分鐘，再放入滷的材料，煮至入味。滷好取出後，可加入香油，或依個人喜好添加香菜、生辣椒變化口味。

二、大廚特調醬汁

1. 素食私房醬

〈 甘草汁調味 〉

材料
高湯100CC、甘草10片

調味料
醬油50CC

做法
❶ 將全部的材料放入湯鍋，以小火煮沸，放冷即可。

〈 養生紫色山藥調味汁 〉

材料
紫色山藥丁100公克、洋菇片50公克、腰果50克、素高湯200CC

調味料
鹽1小匙、香菇粉1大匙

做法
❶ 將紫色山藥丁、洋菇片洗淨，放入鍋中，以中火炒熟。
❷ 加入素高湯、腰果、鹽、香菇粉攪拌均勻，倒入果汁機打成汁。
❸ 將做法 2 倒入鍋中，以小火加熱後，攪拌均勻即可。

〈 滷料湯汁 〉

材料
大茴香38公克、沙薑19公克、花椒19公克、丁香19公克、桂皮38公克、甘草38公克、素高湯2000CC

調味料
黑色醬油1200 CC、冰糖900公克、鹽75公克、香菇粉38公克

做法
❶ 將全部材料及調味料放入湯鍋中，以小火煮 1 小時即可。

‹ 味噌柳橙醬汁 ›

材料

味噌30公克、柳橙醋75CC

做法

❶ 將全部的材料放入容器攪拌均勻,即是開胃營養的沾醬,適用沙拉調味。

‹ 招牌花椒油 ›

材料

花椒粒100公克、芹菜1株、香菜1株、油60CC

做法

❶ 芹菜、香菜分別洗淨,切末。

❷ 將油倒入鍋中,放入芹菜末、香菜末,以中火炸成金黃色。

❸ 再加入花椒粒,以小火炸出味道。

❹ 最後撈起所有的材料,即是美味的招牌花椒油。

‹ 棒棒素排醬汁 ›

材料

薑汁1大匙、砂糖1大匙、黑芝麻醬1大匙、白芝麻醬1大匙、花生醬1大匙、辣油1大匙、白醋1大匙、香油1大匙

做法

❶ 將全部的材料放入容器攪拌均勻,即成。

2. 中式調味醬

〈 五香調味醬 〉

材料
九層塔1小撮、薑末1大匙、芹菜末1大匙、香菜末少許、番茄末少許

調味料
烏醋1大匙、白醋1大匙、砂糖1大匙、香油1大匙、番茄醬1小匙

做法
❶ 將全部的材料、調味料放入容器攪拌均勻,即成。

〈 薑汁醬料 〉

材料
薑末1大匙

調味料
素蠔油1大匙、香菇粉1大匙、香油1大匙、砂糖1大匙

做法
❶ 將全部的材料、調味料放入容器攪拌均勻,即成。

〈 素蟹黃 〉

材料
紅蘿蔔塊600公克、油300公克、薑末100公克

調味料
鹽少許、香菇粉少許

做法
❶ 將全部的材料放入果汁機打成泥,再倒入鍋中,以小火炒熟。
❷ 最後加入鹽、香菇粉調味,即成。

〈 素炸醬 〉

材料
豆乾末100公克、苦茶油1大匙

調味料
辣豆瓣醬1大匙、沙茶醬2大匙、糖1大匙、鹽少許、胡椒少許

做法
❶ 取炒鍋倒入少許苦茶油,放入豆乾末炒香,再放全部的調味料拌炒均勻,即成。

‹ 紅麴醬汁 ›

材料
圓白糯米300公克、冷開水
500CC

調味料
紅麴菌150公克

做法

❶ 圓白糯米泡水約 3 小時，再放入電鍋煮至熟，取出。

❷ 將紅麴菌、冷開水放入容器中混合，浸泡 10 分鐘。

❸ 準備一個乾淨的玻璃容器，放人做法 1 及做法 2，移至
　室溫下放置約 15 小時，再放入果汁機打碎即可。

‹ 素火鍋佐醬 ›

材料
素沙茶醬1大匙、素高湯1
大匙、香油1小匙

調味料
香菇粉1大匙、白醋少許

做法

❶ 將全部的材料放入容器攪拌均勻，即可。

‹ 素烤肉醬 ›

材料
醬油1大匙、花生油1小
匙、素沙茶醬1大匙

調味料
辣椒粉1/2匙、砂糖1小匙、黑
醋1大匙、黑胡椒粉1大匙

做法

❶ 將全部的材料及調味料放入容器攪拌均勻，即可。

‹ 宮保醬汁 ›

材料
醬油2大匙、白醋1大匙、砂糖1大匙、水1小匙、苦茶油少
許、藕粉水1小匙、乾辣椒2根

做法

❶ 將全部的材料放入容器攪拌均勻，即可。

3. 日式調味醬

〈 天婦羅沾醬 〉

材料
白蘿蔔泥1大匙、素高湯150CC

調味料
醬油30CC、味醂30CC

做法
❶ 將素高湯、醬油、味醂倒進湯鍋中，以大火煮沸，放涼，再放入白蘿蔔泥拌勻，即可。

〈 素排醬汁 〉

材料
素高湯50CC、黑醋50CC、番茄醬20CC、砂糖3大匙、辣椒醬1大匙、蘋果汁30CC、醬油少許

做法
❶ 將全部的材料倒入湯鍋中，以小火煮沸至濃縮狀，即可。

〈 可樂餅沾醬 〉

材料
素高湯150CC、椰子油50CC、低筋麵粉1大匙、咖哩粉1大匙、番茄醬1大匙

調味料
胡椒粉少許、鹽少許

做法
❶ 將椰子油放入平底鍋中，以小火煮成液狀。
❷ 加入低筋麵粉、咖哩粉及番茄醬，以小火炒至全部融合。
❸ 慢慢倒入素高湯攪拌均勻，加入胡椒粉、鹽調味，即成。

〈 日式和風醬汁 〉

材料
水果醋50CC、蘋果泥150CC、薑末1匙、薑黃粉少許、蜂蜜30CC

調味料
鹽少許

做法
❶ 將全部的材料放入容器，用手持攪拌器攪拌均勻，即成。

‹ 花生醬油汁 ›

材料

醬油50CC、素蠔油10CC、味醂30CC、香菇粉1大匙、花生
醬1大匙

做法

❶ 將全部的材料放入容器攪拌均勻,即可。

‹ 酪梨白味噌醬 ›

材料A	**材料B**
白色味噌100公克、砂糖 20公克、味醂20公克、 柚子粉少許	酪梨70公克、檸檬汁少許

做法

❶ 將材料 A 放入炒鍋中,以小火隔水加熱,攪拌均勻,加
入材料 B 拌勻,即可。

‹ 紅玉味噌醬 ›

材料

紅色味噌150公克、芝麻醬150公克、味醂30CC、
砂糖30公克

做法

❶ 將全部的材料放入容器攪拌均勻,即成。

‹ 千里醋汁 ›

材料

素高湯100CC、醬油20CC、白醋35CC、味醂30CC、
白蘿蔔泥1大匙

做法

❶ 將素高湯、醬油、白醋、味醂倒入湯鍋中,以大火煮沸,
待冷卻,再倒入蘿蔔泥拌勻,即可。

4. 西式調味醬

‹ 百香果調味汁 ›

材料
無蛋美乃滋100公克、鳳梨汁50CC、百香果汁50CC

做法
❶ 將全部的材料放入容器攪拌均勻,即成。

‹ 素披薩醬 ›

材料
番茄醬1大匙、奧勒岡葉15
公克、素高湯50CC

調味料
黑胡椒粉少許、鹽少許

做法
❶ 將全部的材料放入湯鍋中,以中火煮約 10 分鐘,即成。

‹ 西式醋辣醬 ›

材料
巴沙米可醋3大匙、黑糖1大匙、卡宴辣椒粉1小匙、醬油1
大匙、蘋果泥50公克、番茄醬1大匙

做法
❶ 將全部的材料放入果汁機打碎,倒入湯鍋,以小火攪拌
　　至濃縮,即成。

‹ 蘑菇醬 ›

材料
素高湯250CC、番茄醬3湯匙、
蘑菇片5朵、腰果50公克

調味料
鹽少許

做法
❶ 取炒鍋放入橄欖油,再加入洋菇片、腰果,以中火炒香。
❷ 放入素高湯、番茄醬、鹽,以小火煮至濃稠狀,再放入
　　果汁機打至綿密,即成。

〈 義式甜菜醬 〉

材料A
素高湯250CC、醬油1湯匙、南瓜丁100公克、甜菜丁250公克、百里香1小匙、迷迭香1小匙、羅勒1小匙、鹽少許

材料B
玉米粉2小匙

做法
❶ 材料A放入炒鍋中，以小火煮約40分鐘煮至軟，待涼。
❷ 放入果汁機打碎，再倒回鍋中，以小火煮開，放入材料B勾芡，即可。

〈 菠菜醬 〉

材料
菠菜100公克、原味優格50CC、橄欖油3大匙

做法
❶ 將菠菜洗淨，切碎，放進果汁機，再倒入優格、橄欖油一起打成汁狀，即可。

〈 紅椒醬汁 〉

材料
番茄汁200CC、腰果50公克、辣椒粉1小匙、匈牙利紅椒粉1小匙、小茴香粉少許、俄力岡粉少許

做法
❶ 將全部的材料放入炒鍋中，以中火一邊煮一邊攪拌，最後倒入果汁機打成綿密醬汁，即可。

〈 番茄水果醋醬 〉

材料
橄欖油60CC、蘋果醋50CC、番茄醬2大匙、辣椒醬1小匙、芒果醬2小匙、芥末粉1小匙、鹽少許

做法
❶ 將全部的材料放入容器攪拌均勻，即成。

5. 韓式調味醬

〈 煎餅沾醬 〉

材料
辣椒醬50公克、白醋50公克、檸檬汁1大匙、砂糖1大匙、
香油1大匙、炒熟白芝麻1大匙

做法
❶ 將全部的材料放入容器攪拌均勻，即成。

〈 藥食醬汁 〉

材料
醬油100CC、辣椒粉2大匙、香菇粉1小匙、水梨汁100CC、
薑末1大匙、胡椒粉少許

做法
❶ 將全部的材料放入容器攪拌均勻，即成。

〈 素燒肉醬汁 〉

材料A
素高湯300CC、醬油
100CC、砂糖50公克

材料B
檸檬2片、柳橙2片、白芝
麻1小匙

做法
❶ 將材料A放入炒鍋中，以小火煮沸，冷卻，再加入材料
B拌勻，即成。

〈 素燒肉醃製醬汁 〉

材料A
淡色醬油100CC、蜂蜜
30g、味醂30g、月桂葉1片

材料B
炒熟白芝麻1大匙、芝麻油
1大匙、薑汁1小匙、蘋果
泥1顆、水梨泥1顆、奇異
果泥1顆

做法
❶ 將材料A放入鍋中，以小火煮沸，放涼，再將材料A與
材料B放入果汁機攪拌均勻，即成。

6. 南洋調味醬

〈 酸辣甜醬 〉

材料
冷開水150CC、紅辣椒6支、砂糖30公克、檸檬汁50CC

做法
❶ 將全部的材料放入果汁機攪拌均勻，即成。

〈 越式辣椒醬 〉

材料
紅辣椒3條、水50CC、黃豆瓣醬1大匙、鹽1/2匙、砂糖1大匙

做法
❶ 將全部的材料放入果汁機攪拌均勻，即成。

〈 梅子沾醬 〉

材料
梅子肉4顆、薑汁1小匙、蘋果醋1大匙、蜂蜜30CC

做法
❶ 將全部的材料放入果汁機攪拌均勻，即成。

〈 辣椰汁沙拉醬 〉

材料
椰子粉10公克、蜂蜜30CC、白胡椒粉1小匙、無蛋美乃滋2
大匙、紅椒粉1小匙、鹽少許

做法
❶ 將全部的材料放入果汁機攪拌均勻，即成。

〈 沙嗲醬 〉

材料
醬油10CC、素沙茶醬10CC、咖哩粉1小匙、花生粉20公克、小茴香粉1小匙、砂糖20公克

做法
❶ 將全部的材料放入果汁機攪拌均勻,即成。

〈 檳城咖沙醬 〉

材料A
素高湯600CC、辣椒醬50CC、酸枳醬100公克、香茅粉30公克、椰奶50CC

材料B
鹽少許、砂糖1/2大匙

做法
❶ 將材料A放入炒鍋中,以大火煮開,加入材料B拌勻,即可。

〈 南洋泡菜甘醋醬 〉

材料
冷開水100CC、蘋果醋50CC、香茅1支、羅勒葉1片、紅辣椒2支、糖50公克、檸檬1粒

做法
❶ 將全部的材料洗淨;檸檬榨汁;辣椒切小末,備用。
❷ 取平底鍋,放入全部材料,以中小火加熱,放涼,即可。

〈 涼拌青木瓜絲醬 〉

材料
紅辣椒2支、冰糖50公克、檸檬1顆、無酒精紅酒醋100CC、橄欖油1大匙、鹽少許

做法
❶ 紅辣椒洗淨,切半,去籽,切小片,備用。
❷ 準備一湯鍋,放入全部的材料加熱至滾,放涼,再將青檸檬皮刨入醬汁內,即可。

一、技巧篇

1. 事前準備

◎ 西式素食的料理原則

西式素食講求形式、氣氛與味道，食材大多是以香料為重，例如迷迭香、百里香、鼠尾草、香草類等。

另外，西式素菜基於材料變化的考量，比較沒有辦法達到氣氛的要求，所以多以食器搭配菜色，也就是運用餐盤來襯托。一般的料理原則如下：

❶ 沙拉：考量盤子的運用與調味料的選擇，西式沙拉注重醋味。

❷ 沙拉醬：可用橄欖油調醋，再加上水、青椒末、紅甜椒末、黃甜椒末，即是可口的沙拉醬。

❸ 焗烤類：主要材料為奶油、麵粉和乳酪，用橢圓形烤盤盛裝，再放入烤箱即可。

❸ 濃湯類：搭配西式料理的濃湯，例如南瓜湯、玉米濃湯、羅宋湯、蔬菜湯等。

❸ 甜點類：大多以蛋糕為主，其餘包括布丁、餅乾、甜湯等。

◎ 食物保鮮要領

冰箱冷藏的溫度通常為4度，冷凍的溫度則是零下18度。而保鮮的要領就是將食物分層放入冰箱中，蔬菜和水果分開，建議存放七成的空間，才能保持冷度的循環與食材的新鮮。如果將所有的食材擠在一

起，會造成氣味與鮮度的流失。

另外，不可將蔬菜放在冰箱最上層，以免凍傷，也不可將食物放在冰箱的出風口，因而阻擋溫度的循環，導致馬達損壞。

一般根莖類的食物不一定要放入冰箱冷藏，例如洋蔥、牛蒡、地瓜、芋頭。如果天氣炎熱，則可放在冰箱冷藏的最底層。蔬菜類的食物放入冰箱前須要先事先處理，例如用清水沖淨，再用塑膠袋或保鮮膜包好。蔬菜類的食物裝入塑膠袋前要先讓空氣跑進去，然後在青菜上面噴點水，保持青菜的新鮮度，以免水分被冰箱吸收。

食物自冰箱取出後，不要放在空氣中超過20分鐘，烹調過程中的保鮮，主要在火候的控制和調味，如果火候的時間不對，食物半生不熟會容易變質。我們每天吃的三餐食物，應算好用餐人數的食用分量，吃多少煮多少，盡量不要有剩餘的菜色隔餐食用，比較可以攝取優質的營養素。

◎ 食材的配色與擺放技巧

食材配色大致可分為五種顏色，紅色、黃色、黑色、綠色和紫色，例如紅色的甜椒、橘黃色的紅蘿蔔、黑色的木耳、綠色的蘆筍、紫色的茄子。

食材的配色方法

| 紅色→配→綠色 | 紅色→配→黑色 | 綠色→配→黃色 | 綠色→配→黑色 |

而有關於食材的擺放，則不管是西菜中吃、中菜西吃或中菜日吃，都是取決於盤子的選擇與運用。一般挑選盤子的原則以色彩分明的瓷器為主，至於重量比較沒有差別。

如果是宴會場合，必須選用中式的盤子，因為盤子的容量大，適合擺放多人分的食物。其他食材的擺放與盤子的選擇如下：

冷盤

冷盤的擺法須視刀工而定，大拼盤主要是將食材以「堆」的方式擺放。通常冷盤食物可選擇純白色的盤子，如果是日式料理的前菜，則可挑選扇形或月亮形的盤子。

熱食

炸物可選有花邊的盤子或有造型的籃子。淺色盤可擺放炒菜類，橄欖形盤子適合蒸煮或燉煮類食物，還可搭配香草植物提升食物美味的指數；而勾芡類食物多半選用深盤。

甜點

日式點心用純白色的小盤子盛裝；中式蒸類的甜點可在純白色的盤面擺放綠葉陪襯；甜點可選擇純白色有造型的盤；甜點的湯品則使用純白造型碗，襯托食物顏色的美味。

湯類

選擇純白色的容器，人數多的時候可選用甕類裝湯，再分裝小碗，人數多的簡餐或套餐，以小碗類為主；日式湯類則挑選土瓶蒸壺，蓋子是喝湯容器或是茶碗蒸類的容器。

◎ 如何增加素食材料的香味

增加素食材料的香味有許多選擇，一般建議以天然的香料調味，例如大茴香（八角）、小茴香、花椒粒、肉桂粉、百草粉、椒鹽粉、五香粉、黑胡椒粉、白胡椒粉、咖哩粉等。

椒鹽粉

通常以百草粉、黑胡椒粉、白胡椒類最常使用，至於大茴香、小茴香、花椒粒等香料，則是製作滷味的基本材料。

百草粉適用於菇類，黑胡椒粉適用於鐵板類，咖哩適用於咖哩類，肉桂粉適用於炒菜類，香椿醬適用於炒飯類、醬料類及五香粉適用於炸類。另外，食材浸泡於五香粉中，可以幫助提味。

五香粉

香料→適合搭配的食物

2. 冷凍食品

◎ 選購冷凍食品 4 大要訣

❶ 包裝完整：不論是用塑膠袋、紙盒、鋁盒或塑膠盒包裝，必須檢查是否有破損，以免食物被污染而變質。

❷ 標示清楚：一般的標示包括食物名稱、重量、成分、添加物、製造廠商的名稱與地址、製造日期、有效日期及ＣＡＳ優良食品標誌等，特別要留意是否已經過了保存期限。

❸ 食品外觀：冷凍食品的組織應該比較結實，若以手指按壓有軟軟的感覺，代表已經開始退冰，品質也受影響。另外，產品外表產生白色的細小冰晶，多是溫差變化太大而引起，不宜購買。

由於溫差變化大，導致食材已產生白色的細小冰晶，不建議採買。

❹ 質地結構：外形完整，沒有破碎、撞傷與腐爛的現象，顏色正常且有光澤，如果呈現脫水或乾燥的狀況，表示貯存過久。

◎ 保存冷凍食品6大要訣

❶ 冷凍庫的溫度愈低，食物的保存期間愈長，建議維持在攝氏零下18度。

❷ 冷凍食品的使用期間各有差異，如果保存期限較短，不宜貯存太久，以免導致營養流失。

❸ 買回來後立即分裝放入冰箱冷凍，保存時間依期限而定，不可放入冰箱冷藏。

❹ 不同的冷凍食品避免放在一起，以免失去原味，建議分類包裝後再冷凍。

❺ 如果是大包裝的食品，應先分成小包裝後冷凍，才不會造成解凍上的困難與冷凍不均的現象。

❻ 貯存期間如果不慎造成食品的包裝破裂，可重新包裝或多包幾層，同時註明保存期限，並且盡快食用完畢。

◎ 常見解凍5種方法

❶ **冰箱冷藏**：連同包裝袋一起放入冷藏，利用冰箱的低溫慢慢解凍，最長可放一晚或最少6個小時，此方法不僅可以避免過度退冰，亦能防止細菌的繁殖，是保持原味的最佳選擇。

❷ **自然解凍**：放在廚房的陰涼處，在室溫中讓食物慢慢退冰，時間不要超過半天，建

議隨時留意解凍的程度，以免養分流失。

❸ **加熱解凍**：利用熱油、熱湯或蒸汽加熱冷凍食品，大約5分鐘左右，可視解凍的程度再增加或縮短時間。

❹ **流動水解凍**：如果要馬上烹調，可將冷凍食品連同包裝套上塑膠袋，將袋口綁緊，利用流動的水來解凍，切勿

將食品直接泡在水中，以免造成養分與水分的流失。

❺ **微波爐解凍**：依照食物的體積與微波爐的功能而定，因為不同的機型解凍效果會產生差異。

高效能節能板

坊間有販售高效能節能板，可讓冰凍的食材快速退冰，節省電源及瓦斯，減少等待時間，同時還具有快速導熱的功能，是現代最實用的廚房利器。

◎ 冷凍食品或蔬菜，如何恢復新鮮

一般只有再製品才有辦法恢復新鮮與口感，例如素雞、素肉、素丸、素排，恢復新鮮的方式就是「退冰」。不過，購買前仍要注意是否有添加防腐劑。

冷凍蔬菜除了紅蘿蔔、花椰菜、馬鈴薯、玉米粒、青豆之外，其餘的蔬菜都無法恢復新鮮，其中又以紅蘿蔔、青豆的效果最好，不論口感、顏色和養分都沒有改變。

至於花椰菜雖然可以保持顏色的翠綠，不過烹調後的口感較軟，營養當然無法與新鮮食材相比。

另外，木耳類如果要冷凍，必須先調味，以免傷害脆度；九層塔冷凍前必須先炸過，將顏色殺青（保持原色）後再冷凍，以鮮度而言，冷凍後的九層塔無法保存食材的鮮美。

冷凍蔬菜的處理如下：

紅蘿蔔球

事先拿出來退冰10分鐘即可。

花椰菜

不需要退冰，可直接炒，炒的時候用薑爆香後加水，再將冷凍花椰菜放入，蓋入鍋蓋燜熟即可。

玉米粒

拿出來即可直接炒，不需退冰，炒法類似花椰菜。

馬鈴薯

冷凍的馬鈴薯通常是馬鈴薯條，一般採油炸的方式，油炸前不需要退冰，只要先撒上玉米粉攪拌均勻，定型後再用高溫炸成金黃色即可。

青豆

如果要直接炒，建議退冰5分鐘再烹調；如果與紅蘿蔔、玉米粒一起炒時，建議先沖水去除碎冰塊，炒完紅蘿蔔和玉米粒後，再放入青豆，以保持顏色與鮮度。

◎ 包水餃和製餡的祕訣

包水餃前先準備一個擦乾的托盤,要注意托盤的大小是否適合放入冷凍庫,可先在托盤墊上一層塑膠袋或保鮮膜,再撒上一層薄麵粉,整齊擺放包好的水餃,撒上少許的麵粉,用保鮮膜包起來。

如果沒有馬上吃,先急速冷凍後再分裝,水餃就不會沾黏。內餡拌好後放入冰箱30分鐘,讓餡汁、調味醬與油分凝結,以保持水分,幫助餡料入味。冷藏後取出餡料,包水餃時汁液就不會流出,可避免弄濕水餃皮,造成烹煮的過程中餃皮破掉內餡外流的現象。

如果內餡的材料使用高麗菜,一定要先用鹽拌一拌,放入紗布擠掉水分後,再拌入調味料,如薑末、香菇末、素肉醬或豆包,依個人喜好而定。建議水餃皮買回來後立刻包完,一旦要放隔夜,建議將剩下的皮切成細條煮湯或煮麵。

◎ 煮水餃的技巧

冷凍水餃取出不需要退冰,只要放入滾水即可直接煮,做法是將水餃放入滾水中,先用瓢子攪拌一下,以中小火煮至水滾後每隔3分鐘加1次冷水,連續進行3次,等待水餃自動浮上來,透過熱脹冷縮的原理,增加水餃皮的口感,水餃也能煮透。

煮好的水餃放入盤中,可淋上少許的食用油,以避免水餃冷卻後沾黏在一起。一般現包好的水餃煮法與冷凍水餃相同,但切記不可將水餃放入冷水中煮,以免餃皮沾黏在一起。

3. 蔬菜類

◎ 如何減少青菜流失維生素C

減少青菜流失維生素C的方式如下：

❶ 直接生食：做成沙拉的青菜，建議直接生食，即可留住維生素C。

❷ 小量採買：建議不要大量購買，以免保存時間過久，造成維生素C流失。

❸ 入鍋再切：維生素C屬於水溶性，因此青菜應該先浸泡洗淨，等要入鍋前再切片。

❹ 製成蔬果汁：可將青菜洗淨之後，添加調味水果，如鳳梨、芭樂、蘋果，與蔬菜一起攪打成蔬果汁飲用。

❺ 添加少許醋：炒菜的時候，可視蔬菜的特性（如西洋芹），加入少許的醋。

❻ 禁用蘇打粉：為了保持青菜的顏色而加入小蘇打，反而會讓青菜中的維生素C因氧化而破壞。

❼ 高溫快煮：蔬菜放入滾水汆燙時，一定要等到水煮沸之後，再開始放入青菜，以縮短加熱的時間，減少維生素C流失。

❽ 大火快炒：炒青菜應用大火快炒，如果烹調時間愈久，維生素C的流失愈快。

❾ 吃菜喝湯：如果用青菜煮湯，不僅要吃菜也要喝湯，因為維生素C已經溶解在湯中，但煮蔬菜湯的重點是要把蔬菜洗乾淨。

◎ 如何使檸檬有香氣無苦味

檸檬會有苦味的原因主要是白色肉皮的緣故，如果要使用檸檬皮，可將綠皮磨成粉狀，如此就會產生香味而沒有苦味。

▲如果要讓檸檬沒有苦味，最簡單是擠汁，當成調味料或是醋使用。

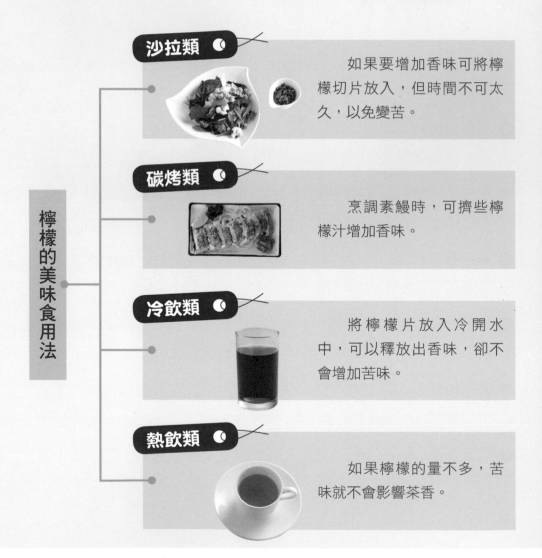

檸檬的美味食用法

沙拉類 ◑

如果要增加香味可將檸檬切片放入，但時間不可太久，以免變苦。

碳烤類 ◑

烹調素鰻時，可擠些檸檬汁增加香味。

冷飲類 ◑

將檸檬片放入冷開水中，可以釋放出香味，卻不會增加苦味。

熱飲類 ◑

如果檸檬的量不多，苦味就不會影響茶香。

◎ 美生菜與生菜如何保持香甜

美生菜或生菜維持香甜的口感，必須依照烹調方式而定。

❶ 鮮脆度：沙拉類的食材在買回來後洗淨、泡冰水，再拌入少許的鹽，即可保持脆度與甜度。

❷ 防變色：生食可以用冰水浸泡增加脆度，而生菜要熱炒則要用大火快炒，以保持菜的翠綠。

❸ 用手撕：美生菜切過之後容易變黃，建議用手撕，可保持菜的顏色與甜度。

❹ 保水分：沒有使用完的生菜，建議放在鋪有濕布的容器中，並蓋上蓋子冷藏，以免流失水分。

❺ 油醋醬較佳：一般吃生菜沙拉時，大多是添加千島醬，如果改用橄欖油調製而成的油醋醬，將可保持生菜的脆度。

◎ 秋葵不黃掉的方法與烹調

可將秋葵洗好，去掉頭端，水開後加入1小匙的小蘇打、油及少許的鹽，再倒入秋葵，以中火煮開，冷卻、瀝乾後，即可保持顏色。秋葵烹調有以下各種變化法：

❶ 涼拌：薑絲、紅辣椒絲、鹽、香菇粉、香油，如果敢吃辣可加點芥末醬，將材料攪拌均勻後淋在秋葵上，再加入海苔絲即可。

❷ 蒸：秋葵對切，挖出內籽，將素碎肉塞進秋葵後排在盤中，放入蒸籠，以中火蒸5分鐘即可。

◎ 馬鈴薯口感清脆 3 要訣

❶ 清脆 3 要訣：馬鈴薯具有高度的鐵質，第一要訣是快速削皮切塊狀，完成後用冷水沖洗；第二要訣是浸泡在醋水中（比例為1：10）約2分鐘，可避免與空氣接觸後變色，且能夠保持馬鈴薯清脆的口感；第三要訣是等待烹調前，再用清水洗掉去醋的酸味即可。

❷ 油炒口味：將馬鈴薯、小黃瓜、甜椒切成火柴棒的大小，再加入芹菜末，以中火快炒約3分鐘後，放入鹽、香菇粉、香油、白胡椒粉調味，即可保持脆度。

❸ 涼拌口味：馬鈴薯切好後必須用流動的水將澱粉洗掉，再加入白醋或蘋果醋、砂糖、香油、紅辣椒切絲、碧玉筍末攪拌均勻，約浸泡20分鐘即可。此道菜為糖醋味，如果要做成鹹味，只需要將砂糖改換為鹽和香菇粉。

◎ 馬鈴薯長芽的處理與預防

馬鈴薯長出來的芽為有毒的生物鹼，如果不小心誤食，會造成腹痛、頭暈的現象。建議處理及預防的方式如下：

❶ 將馬鈴薯與蘋果放在一起，因為蘋果會產生乙烯氣體，可防止馬鈴薯發育，延緩發芽的時間。

❷ 如果馬鈴薯長芽過多或表皮變成黑綠色，建議不要食用，可移植到小盆栽中，美化室內環境。

❸ 預防馬鈴薯長芽，可貯存在低溫、沒有陽光直射且乾燥的地方。

◎ 茄子保鮮、保色與烹調的方法

　　茄子買回來之後，若不是當天要食用的話，可用保鮮膜包好，放入冰箱冷藏即可，以免水分流失。另外，也可將整條茄子放入保麗龍盒中冷藏，切記不要切斷，以免茄子接觸空氣造成氧化現象。

茄子保色的方法

　　橄欖形或橢圓形的茄子要先削皮、泡水，以免氧化，烹調前可切成條狀，再切約5公分長度的大小，如此不論蒸或炸都能保持原來的顏色。

藥食天貝茄子夾

材料

日本茄子片	半條
番茄片	1顆
天貝	100公克
橄欖油	20CC
苦茶油	20CC

調味料

藥食醬汁(P.140)	50CC
俄力岡葉粉	15公克
海鹽	8公克

做法

1. 將茄子片放入烤盤，在上面撒海鹽、俄力岡葉粉、苦茶油，以 220 度烤約 10 分鐘，取出，備用。
2. 準備一平底鍋加入少許苦茶油，放入切好的天貝煎至金黃色，加入藥食醬汁，以小火煮至吸收後，備用。
3. 取茄子兩片，中間置入番茄、天貝，放入盤中，即可食用。

◎ 如何搭配毛豆又不失營養

　　毛豆可分為毛豆莢和毛豆仁兩種，毛豆莢的處理方法就是在水中加入1大匙蘇打粉，水煮沸後，將毛豆莢放入，以中火汆燙10分鐘，即可保持翠綠色澤。如果沒有要馬上食用，可先用水冷卻，將水分瀝乾，再放入塑膠袋中，置於冰箱冷凍。毛豆仁的處理方式除了汆燙的時間只需5分鐘之外，其餘均與毛豆莢相同。

毛豆炒豆乾

材料

毛豆仁	50公克
豆乾	5片
黃甜椒	半顆
紅甜椒	半顆
薑末	15公克
苦茶油	20CC

調味料

鹽	5公克
香菇粉	15公克
胡椒粉	10公克

做法

1　豆乾放入滾水中汆燙，取出，切大丁，備用。

2　黃甜椒、紅甜椒分別洗淨，切小丁，備用。

3　取炒鍋倒入苦茶油加熱、放入薑末炒香，再加入豆乾丁、毛豆仁，以小火炒香。

4　放入全部的調味料炒香，再放入黃甜椒、紅甜椒拌炒，即可食用。

◎ 荷葉的選購與用法

　　每年的五月至六月是荷葉的產期，若要選購新鮮的荷葉，建議選擇色澤鮮綠、沒有破損者。而秋天以後，市售都是乾燥的荷葉，挑選以大張、沒有蟲蛀為佳。

荷葉糯米吉

材料

煮熟長的白糯米飯	3碗
熟栗子	6顆
小香菇	3朵
百頁豆腐	50公克
老薑片	5塊
荷葉	1張
棉繩	4條

調味料

純釀造醬油	1大匙
麻油	1大匙
香菇粉	1小匙
胡椒粉	1小匙

做法

1. 荷葉刷洗乾淨，再放入沸水（水要淹過荷葉），以大火汆燙後撈起、瀝乾，冷卻後，切成 4 等分，備用。

2. 取炒鍋，加入麻油，放入老薑片，以大火爆香，加入小香菇、百頁豆腐、栗子，以中火炒熟。

3. 加入醬油、香菇粉、胡椒粉拌炒均勻，倒入煮熟的糯米飯拌炒至入味。

4. 將做法 3 取適量放入荷葉中，用棉繩綁牢後放入蒸籠（須事先預熱至蒸氣跑出來），以大火蒸 10 分鐘，取出，即可食用。

◎ 如何滷出或紅燒香噴噴的菜餚

要滷出香噴噴菜餚並不困難，藥材包材料如下： 八角10ｇ、花椒12ｇ、山奈4ｇ、薑片4ｇ、陳皮2ｇ、甘草2ｇ、肉桂片1支 。滷東西的時候，盡量不要加生水，可用已煮沸的素高湯或是醬油取代。加入適量的食用油，可以讓食材起鍋時，更顯得飽滿又光澤。

紅燒冬筍

材料

冬筍	300公克
紅蘿蔔	100公克
香菇	4朵
豌豆	10公克
老薑片	5～6片
辣椒	1支
素高湯	300CC

香料

大茴香	5粒
草果	1粒

調味料

醬油	2大匙
冰糖	1小匙
香菇粉	1大匙

做法

1　冬筍洗淨，切塊；紅蘿蔔洗淨，削皮，切塊；香菇泡水至軟；豌豆洗淨，摘除老筋及頭尾端，備用。

2　取炒鍋加入油1大匙，放入大茴香、草果、老薑片、辣椒，以中火炒出香味。

3　放入冬筍、紅蘿蔔、香菇拌炒，加入醬油、素高湯、冰糖、香菇粉。

4　蓋上鍋蓋，以小火煮沸，煮約 20 分鐘後，放入豌豆煮至熟，即可食用。

4. 豆製類

◎ 豆腐的種類與選擇方法

❶ 板豆腐：選擇無黏滑的感覺，如果變質會產生黏稠感，而剛出爐會有溫熱的手感。

❷ 嫩豆腐、蛋豆腐：盒裝要注意包裝盒是否有膨脹與保存期限。不過有些蛋豆腐潛藏柴魚成分，應特別檢閱再選購。

❸ 凍豆腐：建議選購板豆腐切塊分裝，放入冰箱冷凍，即成凍豆腐。

❹ 腐皮：建議選購非基因製作的腐皮，可直接汆燙、包餡料等製作各種創意的美味素食。

素食最夯的發酵性大豆製品：天貝(Tempeh)

　　天貝、豆腐及納豆譽稱21世紀三大健康食品，而天貝還有著「上天恩賜的寶貝」的美譽。營養素包括大豆蛋白質、異黃酮、卵磷脂、維生素B群、游離氨基酸、葡萄糖胺等。發酵過程中，更促成豐富維生素B12，也將黃豆內含的纖維素和蛋白質分解，更有助消化吸收，較少產生脹氣。因含有豐富維生素、蛋白質與鈣質，是純素者以及孕婦、小孩、銀髮族非常優質的全食物。

　　發酵而成的天貝，具有抗氧化活性，切開剖面可見完整黃豆熟成顆粒狀、中間和上方都雜有白色菌絲。品質好的天貝有淡淡的豆香味，無論煎煮燉滷都很適合。

▲特別感謝〔綠苗創意蔬食〕提供天貝圖文資訊。

◎ 瀝乾豆腐水分、除去豆青味2種方法

❶ 先將豆腐磨成泥後用紗布包起來，然後拿一個重物壓在上面約20至30分鐘，待去掉水分後，再將豆腐泥倒在篩子上，用手輕輕地磨一磨，讓豆腐泥流下來即可。

❷ 將整塊豆腐放在加入少許鹽的水中，再用中火汆燙約10分鐘後撈起，將豆腐放在乾布上，置於陰涼處風乾即可。

　　另外，傳統豆腐會帶有豆青味，建議將豆腐浸泡在熱開水裡10至15分鐘，即可去除。

　　如果是豆腐泥，可加入薑末、香油、芹菜末、鹽、少許香菇粉，將所有的材料攪拌均勻，便可去除豆青味。

　　若是整塊的豆腐要去除豆青味，只要在鹽水加入1塊薑、1支芹菜，或滴點香油一起汆燙撈起，即可消除豆青味。

◎ 避免豆腐變酸2種技巧

❶ 老豆腐買回來後洗切好，將豆腐塊放在水盆中，再以水沖豆腐，讓汁流掉（水量不要太大，以免將豆腐沖破），然後連水盆一起放入冰箱冷藏。

❷ 老豆腐先汆燙後放入水盆中，用水流掉汆燙時的味道（水量不要太大，以免將豆腐沖破），同時讓豆腐冷卻，然後連水盆一起放入冰箱冷藏。

◎ 炒豆腐渣的技巧

另外，若要預備豆腐渣，製作方法就是將黃豆浸泡在水中1小時，之後將黃豆放入汁、渣分離的榨汁機中攪拌，將豆渣取出，用紗布包起來擠乾後，即為豆腐渣。

炒豆腐渣前，先將鍋中加熱，倒入1小碗的花生油，再加入豆腐渣，用小火慢炒至金黃色為止（**不焦黑的技巧主要在火候的控制與持續不斷的攪拌**）。

◎ 豆腐皮的保存與用法

豆腐皮是素食者補充蛋白質最佳的食材，可用來煮湯、蒸、炸、煎。尚未使用的豆腐皮用微濕的布覆蓋，以免接觸空氣後碎掉不容易包。豆腐皮買回來後，若並不馬上使用，可先用塑膠袋分裝，放入冰箱冷藏，但塑膠袋密封時，千萬不要讓空氣跑進去，以免變質。

安心美味的豆腐皮

頂級純豆皮堅持採用加拿大的進口食品級「非基因改造黃豆」（Non-GMO）製造，為非基改大豆蛋白，且不添加防腐劑、色素，絕對可以吃出美味的口感，每一口都能品嚐到天然的豆香味，是現代素食者補充蛋白質最佳的食材。

◎ 豆腐皮可用來煮湯、蒸、炸、煎

　　用豆腐皮可以煮出各種美味的料理，例如表面撒一點點鹽，放到油鍋以中小火乾煎至焦脆，外酥內嫩；喜歡吃清爽口感，也可直接放入湯鍋煮食；進階清爽口味是製做成下面示範的「美味高蛋白素鵝」，而喜歡吃油炸的也可以取豆皮做成春捲等創意美食。

美味高蛋白素鵝

材料

嫩豆皮	13張
金針菇	60公克
香菇絲、竹筍絲	各35公克
芹菜末、薑末	各15公克
九層塔末	15公克
素高湯	200CC

調味料

醬油、鹽	各1大匙
香菇粉	2小匙
胡椒粉	1小匙
香油	少許

做法

1 **內餡：**取炒鍋加入油1大匙，放入薑末，以大火爆香，放入金針菇、香菇絲、竹筍絲、鹽、香菇粉1小匙、少許胡椒粉，以中火炒熟，冷卻後，備用。

2 **醬汁：**取炒鍋加入油1大匙，放入芹菜末、九層塔末，以大火爆香後，轉中火，放入素高湯、醬油、香油、香菇粉1小匙、胡椒粉煮沸，再盛入碗中，備用。

3 準備1個托盤，先擺1張嫩豆皮，再蓋上第2張嫩豆皮前後重疊，共疊13張後，將內餡放在中間捲起嫩豆皮，放入蒸籠中（須事先預熱至蒸氣跑出來），以大火蒸10分鐘，冷卻後，切塊，即可食用。

◎ 腐竹的處理、保存與烹調

處理腐竹時，可以將腐竹浸泡於水中2小時，軟化後用熱水汆燙、冷卻，再烹調。另外，生的腐竹可用塑膠袋包好，放入冰箱冷藏；汆燙過的腐竹放入塑膠袋後，必須直接冷凍，以免變質。

腐竹蘿蔔湯

材料

腐竹	2條
白蘿蔔	1條
紅蘿蔔	1/2條
小香菇	6朵
老薑片	1片
素高湯	600CC
碧玉筍	1支

調味料

鹽	1大匙
香菇粉	少許

做法

1 白蘿蔔、紅蘿蔔分別洗淨，削皮，切塊；香菇泡水至軟，備用。

2 腐竹與碧玉筍切成小段，放入滾水中汆燙，撈起，瀝乾水分，備用。

3 素高湯倒入湯鍋中，以大火煮沸，放入老薑片、白蘿蔔、紅蘿蔔、小香菇煮至8分熟。

4 放入腐竹，以小火煮到蘿蔔熟透，最後放入調味料與碧玉筍拌勻，即可食用。

5. 米飯類

◎ 保存白米不生蟲 3 技巧

❶ **香辛料防蟲法**：白米放在陰涼處，可以直接放入數支的紅辣椒、大蒜、乾燥月桂葉，或是取紗布裝入一些花椒粒，都能有效達到預防蟲卵孵化的作用。

❷ **冷藏防蟲法**：將白米放在容器中，蓋上蓋子密封，放入冰箱下層冷藏，煮飯前再拿出來即可。

❸ **分袋冷凍驅蟲法**：可先將米分成小袋包裝，再放入零下10～20度的冷凍庫，而每次要煮飯之前，須先用水稍微清洗。

◎ 如何增加米飯的口感與彈性

增加米飯的口感與彈性在於煮飯的祕訣，建議方式如下：

❶ 洗完米之後，不要立刻煮，可先倒入與白米相同等量的水，浸泡約30分鐘。

❷ 將泡完的水倒掉後，依照米的量添加所需用的水，通常一杯米是加一杯水，如果擔心米煮得太爛，可以加入九成的水量即可。

❸ 放進電鍋或電子鍋之前，建議加入1小匙橄欖油、檸檬汁或白醋，以增加米飯的香味與口感。

❹ 使用電鍋煮飯，記得先在外鍋加半杯水；電子鍋則是插電後即可烹煮。如果是用瓦斯爐煮飯，則必須先將火候轉到最小，而米煮熟後不要立刻打開鍋蓋，可再燜5分鐘。

❺ 飯燜熟後可先打開鍋蓋，用飯杓稍微攪動一下，讓多餘的水氣散開，以增加飯的彈性。

◎ 飯煮太硬與太軟的補救法

飯煮太硬時，可將飯放在托盤中，再撒入少許的熱開水，放入蒸籠（須事先預熱至蒸氣跑出來）中，以中火蒸到熟為止。

如果飯煮太軟了，則可做成以下變化的主食料理：

黃金丸子

材料

軟飯	1碗
高麗菜末	1小匙
紅蘿蔔末	1小匙
芹菜末	1小匙
麵粉	1小匙

醬汁

梅子醬汁	30CC
鹽	5公克

做法

1　軟飯放入容器中，加入高麗菜末、紅蘿蔔末、芹菜末、麵粉、鹽攪拌均勻，捏成丸子狀，依序全部完成，備用。

2　熱油鍋，放入捏好的丸子，以中火油炸成金黃色，淋上梅子醬汁，即可食用。

◎ 煮出香又Q五穀糙米飯的祕訣

　　如果要煮出香又Q的五穀糙米飯，祕訣如下：

❶ 先將需要的米用量杯量好，再用清水至少洗4次，直到洗米的水沒有混濁為止。

❷ 將洗米水倒掉後開始加水，一杯米至少加一杯半到兩杯的水量，放在室溫浸泡2小時。

❸ 放進電鍋烹煮前可先加點食用油，讓米看起來油亮，口感更Q。

❹ 五穀糙米飯煮好之後，先燜約15至20分鐘，過程中不可將鍋蓋掀開，以免造成米心無法熟透的現象。

❺ 未吃完的五穀糙米飯不可放在電鍋保溫，避免米粒變硬。建議等飯冷卻後置於冰箱冷藏，使用前再蒸熱即可達到美味的口感。

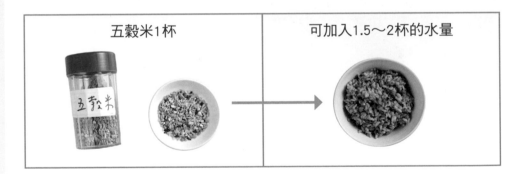

| 五穀米1杯 | 可加入1.5～2杯的水量 |

◎ 煮壽司飯與糯米飯的方法

　　煮壽司飯時，可運用下列的方法：

❶ 將新鮮的壽司米或白糯米放在細網的濾器內，以清水沖去米粒上的粉狀物，再倒入容器中。

❷ 用水將米洗淨，直到沒有雜質、清澈為止，撈起後再用濾網瀝乾水分。

❸ 洗好的米加入1：1的水量，放入電鍋中，煮熟後稍微燜一下，即可成為香又Ｑ的壽司飯。

　　煮糯米飯能運用下列的方法：

❶ 將糯米洗淨，浸泡水中3小時以上，加水分瀝乾後，倒入托盤。

❷ 加入水直到淹蓋所有的糯米。

❸ 將托盤放入蒸籠（須事先預熱至蒸氣跑出來），以中火蒸20分鐘，直到糯米膨脹，晶瑩剔透即可。

◎ 炒飯不軟、不油膩的原則

　　炒飯不軟、不油膩主要在於煮飯的要領，飯如果煮得太軟就不能炒飯。因此煮飯時，米洗好後要加入1小匙的橄欖油，而且水量要比原來的少一杯。煮熟後，再用飯杓攪拌去掉水氣，即可直接炒飯。炒飯的原則如下：

步驟1	步驟2	步驟3	步驟4
先用大火將鍋子燒乾，再轉小火。	倒入2大匙油，讓油脂沾滿整個鍋面。	炒飯時，用小火，先炒料再炒飯，炒熟後再加調味料。	切勿在炒飯的過程中加水，以免黏鍋。

而炒隔夜飯時，有下列事項是要特別注意的：

❶ 炒隔夜飯的時候千萬不能加水，因為加水不僅會黏鍋而且又炒不透，反而造成鍋子焦黑的現象。

❷ 由於隔夜飯是冰的，所以一定要用小火慢炒，炒到飯熱為止。

❸ 如果用大火炒，會造成飯外熱內冷的情況，而加熱不均勻會導致米心的水分沒有炒出來，即使飯炒熟了也失去彈性。

另外，炒飯會油膩的原因是鍋子沒有加熱就將飯倒入，加上擔心飯會黏鍋，不斷將油倒入鍋中的緣故。

至於炒飯不油膩的祕訣在於燒鍋的技巧與火候的控制，也就是炒飯前一定要用大火將鍋子燒乾再轉小火，油倒入鍋中後要讓鍋面吸入油分，再用小火開始炒料、炒飯。

炒飯的油量太少容易黏鍋，必須搭配足量的油拌炒（若是熱過多的油，可以倒入容器，務必要掌握好適合的油量，就會做出完美的炒飯）。此外，米飯下鍋，油溫會急速下降，必須用中大火快炒，讓傳熱速度變快較易炒透。若是倒入醬油調味，建議要從鍋子邊緣倒入，才能提升醬油的香氣，讓炒飯入味好吃哦！

鮮蔬炒飯的順序	
	要訣1：取炒鍋→以中小火熱鍋→倒入油加熱
	要訣2：放入蔬菜丁，以中火拌炒
	要訣3：再倒入冷的米飯，以大火快炒
	要訣4：放入胡椒粉、海鹽（或醬油）調味

6. 麵類

◎ 提升麵的口感與避免結塊的方法

每一種麵條的煮食時間及方法不相同，為了要避免麵條產生結塊的處理方式如下所述：

白麵

先將白麵汆燙後撈起、瀝乾，放入盤中用電風扇吹乾水分，再倒入少許油，用筷子拌開，以免麵條黏住。

薑黃麵

薑黃麵為最近新式麵體之一，其中添加薑黃粉，所以麵體呈現黃色，薑黃具有抗氧化作用。

綠藻麵

先將綠藻麵汆燙後撈起，浸泡在加有冰塊的水中，等麵條冷卻後瀝乾水分，再加入少許橄欖油、鹽、香菇粉攪拌均勻，即可烹調。

牛蒡番茄麵

直接烹調後即可調味食用，不需事先做任何處理，以免養分流失。建議將麵條煮成湯麵，如果要吃乾麵，汆燙後的麵條只要直接拌橄欖油，調味後即可食用。另外，可保留汆燙麵條的水，再加入蔬菜、少許鹽、香菇粉煮湯，就是一麵兩吃的簡單料理。

蕎麥麵

蕎麥麵是以蕎麥粉製成，冷食或熱食料理的方式多變化。煮熟的蕎麥麵可以放在冰開水中去除表面漏粉，再放置到冰水中浸泡1分鐘，再撈起來，即可吃到Q彈的麵條口感。

麵線

麵線是以麵粉、水、鹽為原料，因增加鹽分讓麵線延長性又細又長。煮麵線與水的比例是1：4，才能去除生澀味及麵粉，全程以大火煮，才能均勻受熱，煮好之後要瀝乾水分，加少許的麻油拌開，不會有結團的現象。

◎ 涼麵的製作方法

如果夏天食用涼麵,建議可以在麵條下面放少許的冰塊,可以維持麵條Q彈的口感。此外,製作涼麵的麵條可以有多種選擇做變化,例如蕎麥麵、綠藻麵、牛蒡番茄麵等。

棒棒吉絲涼麵

材料

牛蒡番茄麵⋯⋯⋯⋯⋯1包
小黃瓜絲⋯⋯⋯⋯⋯50公克
山藥絲⋯⋯⋯⋯⋯⋯50公克
紅蘿蔔絲⋯⋯⋯⋯⋯50公克
白精靈菇⋯⋯⋯⋯⋯10公克

調味料

芝麻醬⋯⋯⋯⋯⋯⋯1大匙
白醋、味醂⋯⋯⋯各1大匙
素高湯⋯⋯⋯⋯⋯⋯1大匙
辣油、香油⋯⋯⋯各1大匙
薑末⋯⋯⋯⋯⋯⋯⋯1小匙

做法

1 白精靈菇撕成小絲,下鍋拌炒,加入少許鹽調味,即成素雞絲,備用。

2 牛蒡番茄麵放入滾水中煮沸,撈起,放入冰水中冷卻,再瀝乾水分,加入少許的橄欖油拌勻,再裝入盤子中。

3 放入小黃瓜絲、山藥絲、紅蘿蔔絲、素雞絲,淋上調勻的調味醬拌勻,即可食用。

◎ 細麵條煮不爛的祕訣

　　煮細麵條的時候，只要將平常的水量再增加1/3，水開後馬上放入麵條，大約3分鐘後再加一次冷水，再將煮熟的麵條放入水中冷卻，撈起、瀝乾，再倒入少許橄欖油攪拌均勻即可。

香菇細麵

材料

煮熟細麵	1人分
乾香菇	3朵
金針菇	100公克
紅蘿蔔絲	1/4條
芹菜末	1大匙
素高湯	600CC
油	1大匙

調味料

鹽	1小匙
香菇粉	1小匙

做法

1. 乾香菇用冷水沖淨，浸泡冷水至軟，切絲；金針菇洗淨，切段，備用。

2. 取炒鍋加入油 1 大匙，放入芹菜末，以大火爆香。

3. 加入香菇絲、金針菇、紅蘿蔔絲，以中火炒熟，倒入素高湯。

4. 加入鹽、香菇粉調味，放入煮熟的細麵，即可食用。

7. 其他類

◎ 拔絲材料的選擇與製作

　　拔絲是把糖熬煮至濃稠的程度，接著將食材放入糖漿中快速攪拌，挾起食材可以拉出長長的細絲，稱為「拉絲」，此做法大多用於甜點的製作。

拔絲蘋果

材料

蘋果⋯⋯⋯⋯⋯⋯1顆
脆酥粉⋯⋯⋯⋯⋯1小碗
玉米粉⋯⋯⋯⋯⋯1小匙

調味料

橄欖油⋯⋯⋯⋯⋯1小匙
麥芽⋯⋯⋯⋯⋯⋯1大匙
砂糖⋯⋯⋯⋯⋯⋯1大匙
水⋯⋯⋯⋯⋯⋯⋯1大匙
玉米粉⋯⋯⋯⋯⋯1小匙
鹽⋯⋯⋯⋯⋯⋯⋯少許

做法

1　蘋果洗淨，削皮，切成 8 塊，放入鹽水中浸泡；脆酥粉、玉米粉加入適量的水調勻，即成麵糊，備用。

2　蘋果沾裹適量的麵糊，放入熱油鍋中，以中火炸成金黃色撈起備用。

3　鍋中留少許油，其餘的油倒掉後，加入全部的調味料，以小火煮到起泡為止，再用筷子撈起，感覺有絲狀（或另備一碗冷水，將撈起的調味料放入開水中會變成脆脆的即可）。

4　將蘋果放入鍋中，以小火攪拌均勻，倒在抹油的盤中，即可食用。

◎ 蓮藕沙拉的製作祕訣

蓮藕具有豐富的纖維質、鈣、磷以及維生素B1、B2、C等營養素。可切片生食，醃漬做涼菜，還能與銀耳、枸杞煮成甜湯。而利用蓮藕製作沙拉，不但簡單方便，味道也很清爽可口喔！

蓮藕四季沙拉

材料

蓮藕	300公克
番茄	1顆
綠鬚捲生菜	20公克
美生菜	20公克
紅酸模葉	10公克
酸豆	10顆

油醋醬

橄欖油	1大匙
水	1大匙
鹽	1小撮
青椒末	10公克
紅椒末	10公克
黃椒末	10公克
番茄末	10公克
蘋果醋	3大匙

日式醬

無蛋沙拉醬	200公克
番茄醬	1大匙
檸檬汁	1大匙
砂糖	1小匙
黑醋	少許

做法

1 蓮藕洗淨，削皮，切片，放入用熱水汆燙，撈起，浸泡在加有 1 小匙白醋的冰水中約 10 分鐘，撈起、瀝乾水分。

2 番茄洗淨，切塊；綠鬚捲生菜、美生菜、酸模葉分別洗淨，剝小片。

3 綠鬚捲生菜、美生菜放入盤中，再放上蓮藕片、番茄塊、酸豆、紅酸模葉，最後再依個人的口味選擇調勻的油醋醬或日式醬，即可享用。

二、烹調篇　1. 油溫的控制

烹調的種類、火與油溫的控制

一般食品與冷凍食品的烹調方法相同，差別在冷凍食品必須先解凍。至於烹調的種類分為炒、蒸、煎、炸、燴、燜、煸（少油炒至水分乾掉）、煮、烤。

炒

用大火將鍋子的水分燒乾，油倒入鍋中後轉小火，材料先以小火炒熟（避免油噴到火後爆出火花釀成危險），再轉中火調味，油溫控制在140度以下。

做醬油味的料理，需先用1大匙油爆香，再放醬油、材料、香菇粉讓味道釋出。最後滴上香油增加食物的香味，是否勾芡則依個人喜好而定。

要做出原味的料理，必須先爆香再放入材料，等材料煮熟後加入鹽與香菇粉，菜入味時倒進少許素高湯炒熟，起鍋可滴上香油或撒些胡椒粉，至於勾芡與否視材料而定。

蒸

材料先汆燙後放入盤中備用，將備料（例如薑絲、辣椒、金針菇等）與調味料攪拌均勻淋在材料上，即可放進蒸籠（須預熱至蒸氣跑出來），以大火蒸15分鐘即可。如果蒸太久，會造成材料變色，也會喪失食物的美味。另外，蒸籠要先轉大火預熱，等蒸汽冒出後再將食材放進蒸籠，以中火蒸熟，如果要繼續蒸則須轉小火。

煎

　　鍋子必須洗淨，高溫加熱，等鍋子的水分乾掉後倒入2大匙油，讓油佈滿整個鍋面即轉小火開始煎。

　　過程中如果油量不足，可再加入少許的油，如此材料才不會黏鍋，最後調味即可。另外，須用大火將鍋子的水分燒乾，油倒入鍋中後轉小火，加入材料以中火煎到熟為止，最後調味再轉小火，油溫大約控制在140度以下。

炸

　　鍋子必須洗淨，高溫加熱，等鍋子的水分乾掉後倒入600CC的油，中火燒至油溫升到140度左右轉小火，放入食材油炸，待食材變色再轉小火。若是炸豆腐，則須用高溫；炸甜不辣用中溫即可。

　　在火的調節上，須用大火將鍋子的水分燒乾，油倒入鍋中以中火加溫後轉小火，放入材料，用大火炸成金黃色，再轉中火降溫（以免食材燒焦），起鍋時轉小火。油溫大約控制在140至200度之間。

燴

　　鍋子必須洗淨，高溫加熱，等鍋子的水分乾掉倒入1大匙油，先爆香再加入素高湯及食材（大部分為圓狀或塊狀），以中火烹調至熟為止，轉小火後倒入地瓜粉水勾芡攪拌均勻即可。

　　火的調節上，須用大火將鍋子的水分燒乾，油倒入鍋中以大火爆香，材料加入後用中火煮熟，再轉小火勾芡。油溫大約控制在120度以下。

燜

鍋子必須洗淨，高溫加熱，等鍋子的水分乾掉，倒入1大匙油轉小火，爆香後加入食材與調味，蓋上鍋蓋仍舊維持小火，將食材約燜15分鐘，起鍋前再用中火加熱即可。油溫大約控制在120度以下。

煸

鍋子必須洗淨，高溫加熱，等鍋子的水分乾掉，倒入1大匙油轉小火，材料加入以中火炒到水分乾掉為止再調味，起鍋前用大火炒約3分鐘即可。油溫大約控制在120度以上。

煮

鍋子洗淨後加入，用中火煮開後放入食材，水滾後轉小火，直到煮熟為止，起鍋前再用中火加熱即可。溫度大約控制在120度以下。

烤

將烤箱以上下火，事先預熱至180至200度（約3至5分鐘），食材放入烤箱烤到金黃色，取出食材後裹上醬汁。烤箱溫度調至180度，再放入食材，烤到醬汁入味即可取出切塊或直接食用。但如果醬汁只淋單面，下火就可調降20度。溫度大約控制在180至200度之間。

油炸不噴油的方法

❶ 入鍋前，油溫控制在中小火，食材放在鍋瓢上，順著鍋邊斜放滑入油鍋中。

❷ 入鍋後，油溫維持在中小火，起鍋前要先將杓子的水分擦乾才能撈起食物，否則油遇水就會噴起。

❸ 油炸時，切勿使用大火、高溫油炸，以免引起火苗，嚴重則會發生火災。

❹ 烹調後，一定要將油倒掉，鍋子洗淨，油鍋不可用小火保溫，以免稍為不慎而釀起火災，因為小火加熱會造成油溫不斷上升，時間一長，就會引起火花。

浮沫及浮油的清除方法

浮沫及浮油的清除方法可分為油炸類和湯類兩種：

❶ **油炸類**：油鍋只要炸過蛋類的食物，或是油已經多次使用，會因為油中含有食物的殘渣而產生浮沫，清除方法是將油倒掉不要使用。

❷ **湯類**：食材爆香加入素高湯時，因為有些食物本身含有油分，水滾後，食材和水產生撞擊後起泡，才會產生浮沫和浮油。清除方法是先將火開大，讓浮沫和浮油集中後，用濾杓撈起，再轉小火煮到食物熟透為止。

179

◎ 銀芽保持美味的方法與烹調

綠豆芽的根鬚容易帶菌，所以摘除頭端及根鬚部分即成銀芽，但摘除之後一定要浸泡冷水，才不會出現切口變成褐色。如果買回家之後，一次性用不完，建議摘除根鬚，放入保鮮袋隔絕空氣，再放入冰箱冷藏，即可保鮮。銀芽烹調美味的要訣是火力強、速度快最好吃。

涼拌銀海苔捲

材料

銀芽	100公克
燒海苔	1張
黃甜椒	1/2顆
水蓮梗	1根
香菜	少許

調味料

橄欖油	1大匙
香菇粉	1小匙
鹽	1小匙

做法

1 銀芽洗淨；黃甜椒洗淨，切絲；燒海苔放入烤箱稍微烤香，備用。

2 將銀芽、黃甜椒、水蓮梗放入滾水中汆燙，撈起，放涼，備用。

3 銀芽、黃甜椒絲拌入全部的調味料，用海苔捲起，取水蓮梗綁好，即可食用。

◎ 苦瓜去苦味的方法與烹調

苦瓜去除苦味，簡單的方法是去籽，油炸或汆燙，或是切片（愈薄愈好）浸泡冰水，連同水盆移入冰箱冷藏一晚，可增加色澤，還能去除苦味。苦瓜無論拌炒或煮湯，都要掌握好火力，例如拌炒不能用太大火，造成果肉外熟內生，以中火拌炒較佳。

黃金苦瓜

材料

苦瓜 ······························ 1條

調味料

黃金泡菜醬汁 ··········· 10cc

做法

1 苦瓜洗淨，對切，去籽，切成薄片，放入滾水中汆燙，撈起，放入冰水中冰鎮至涼。

2 將苦瓜、黃金泡菜醬汁放入容器中拌勻，即可食用。

◎ 竹筍美味的處理與烹調

竹筍烹調可先放入鍋中，加入冷水淹蓋竹筍，蓋上鍋蓋以大火煮開，約10分鐘後轉小火，再煮30分鐘，熄火後撈起，泡水冷卻或自然冷卻均可。另外，也可以將竹筍放入鍋中，加入冷水淹蓋竹筍，再倒入米糠（可至米店購買），以增加竹筍的甜味，其餘煮法同前。

柚香風味鹽拌鮮筍

材料
竹筍..............................1支

調味料
柚香風味鹽................適量

做法
1 竹筍去皮，洗淨，切塊狀，備用。
2 竹筍、柚香風味鹽放入容器中拌勻，即可食用。

◎ 雪裡蕻不藏沙的處理與烹調

雪裡蕻又稱為雪菜,一般分為雪裡蕻、雪裡黃兩種。雪裡蕻是先用鹽醃製到隔夜;雪裡黃也是用鹽醃漬約一個禮拜左右。雪裡蕻如果要完整去除沙粒,必須整齊且均勻地放入水中(*水淹過雪裡蕻*),用手撥開葉片及根部沖洗,再連續沖洗3遍即可。

雪筍湯麵

材料

番茄拉麵	200公克
雪裡蕻	30公克
乾香菇	5朵
竹筍	1/2支
芹菜末	1大匙
素高湯	600CC

調味料

鹽	少許
香菇粉	1小匙

做法

1. 雪裡蕻用水沖淨,用流動水浸泡,切末;乾香菇沖淨,泡水至軟,切片;竹筍切片;拉麵放入滾水中煮熟,撈起,備用。

2. 炒鍋加入油1大匙,倒入芹菜末以大火爆香,加入素高湯煮沸。

3. 加入竹筍片、冬菇片、雪裡蕻,以中火煮出味,放入番茄拉麵、調味料拌勻,即可食用。

◎ 小黃瓜美味的處理與烹調

　　小黃瓜可生食和胡蘿蔔絲、高麗菜絲搭配，就是一道美味可口的生菜沙拉了！另外，也適合切片燴炒、煮湯等，是一個富有營養又方便料理的食材。而小黃瓜買回來後要擦乾水分，取紙巾包起來再放入塑膠袋，移入冰箱冷藏，即可以保持鮮度。

黃瓜三圓

材料

小黃瓜	1條
紅蘿蔔球	10顆
草菇	10顆
薑末	1大匙
素高湯	300CC

調味料

鹽	1小匙
香菇粉	1//2匙
胡椒粉	少許

做法

1　小黃瓜洗淨，用挖球器挖成 10 顆；紅蘿蔔球、草菇略洗，備用。

2　炒鍋加入油 1 大匙，倒入薑末以大火爆香，放入素高湯煮沸。

3　紅蘿蔔球、草菇放入鍋中煮熟，加入小黃瓜球拌勻，即可。

4　加入全部的調味料，以小火攪拌均勻，即可食用。

◎ 蘑菇變Q與烹調的祕訣

　　蘑菇可以水洗嗎？這個問題一直是主婦困擾的話題？其實蘑姑經過水洗會損傷表層細胞產生褐變，所以建議不要清洗，但是髒髒怎麼吃呢？其實蘑姑清潔3要訣：快速沖洗、瀝乾水分、用紙巾擦乾，可保留新鮮蘑菇的風味，經過烹調後口感會變Q，釋出鮮菇味。蘑菇烹調方法有炒食、勾茨、燴炒、燉滷或煮湯等美味變化料理。

涼拌蘑菇

材料

蘑菇	300公克
腰果	10顆
九層塔	少許
芹菜末	1大匙
辣椒末	少許

調味料

橄欖油	1大匙
現磨黑胡椒粒	少許
煙燻風味鹽之花	少許

做法

1　蘑菇沖淨，用紙巾擦乾，切小丁；九層塔洗淨，切末，備用。

2　炒鍋放入橄欖油加熱，放入芹菜末、辣椒末炒香。

3　加入蘑菇丁、腰果拌炒，放入黑胡椒粒、鹽之花、九層塔末拌勻，即可食用。

185

◎ 莧菜的美味與烹調

　　莧菜的葉片較嫩，而莖的外皮纖維較粗，可先撕除，再切段；葉及莖分開處理及烹調，吃起來比較滑嫩適口。如果買到太老的莧菜，在烹煮時就會有砂澀味，選購時必須特別注意。另外，將莧菜的莖部汆燙、切段後，搭配豆乾絲，可做爽口的涼拌菜。

麵線莧菜羹

材料

莧菜⋯⋯⋯⋯⋯⋯60公克
紅麵線⋯⋯⋯⋯⋯150公克
乾香菇⋯⋯⋯⋯⋯2朵
芹菜末⋯⋯⋯⋯⋯1大匙
香菜末⋯⋯⋯⋯⋯少許
素高湯⋯⋯⋯⋯⋯500CC

調味料

醬油、葵花油⋯⋯各1大匙
香菇粉⋯⋯⋯⋯⋯1小匙
胡椒粉⋯⋯⋯⋯⋯少許
白芝麻油⋯⋯⋯⋯1小匙
烏醋、地瓜粉水⋯⋯少許

做法

1　莧菜洗淨，切成 4 ～ 5 公分的長度；紅麵線沖水泡軟（避免麵線太死鹹）切成 8 ～ 10 公分左右；香菇洗淨，泡水，切絲，備用。

2　炒鍋加入葵花油 1 大匙，倒入芹菜末、香菇絲，以大火爆香。

3　倒入素高湯以中火煮沸，放入醬油、香菇粉煮開，加入紅麵線煮至熟，最後放入莧菜煮透。

4　撒上胡椒粉、白芝麻油、烏醋，用地瓜粉水勾芡，搭配香菜末，即可食用。

◎ 絲瓜不變黑的技巧與料理

　　絲瓜本身含豐富的鐵質，在烹煮過程中很容易變黑，切記不要在熱油鍋之後，立即放入鹽，以免炒好的絲瓜變黑。切好的絲瓜放入鹽水中浸泡，也可以避免變黑，但建議還是用快切快熟的方法完成。絲瓜本身有自然清甜味，不建議放太多的鹽，才能品嚐食物的原味。

杏鮑菇炒絲瓜

材料

絲瓜	半條
杏鮑菇	300公克
紅黃甜椒丁	少許
枸杞	1大匙
薑末	少許

調味料

橄欖油	少許
鹽	少許
香菇粉	1大匙

做法

1 絲瓜去皮，洗淨，挖掉果肉留皮，切成片；杏鮑菇快速沖淨，用紙巾擦乾水分、切成片。

2 取炒鍋加入橄欖油，放入薑末爆香，放入絲瓜片以中火拌炒。

3 加入杏鮑菇片、紅黃甜椒丁炒至熟，放入鹽、香菇粉拌勻，即可食用。

◎ 鮮百合與乾百合的烹調

　　百合營養價值相當高，分為乾百合和鮮百合。鮮百合要去除蒂頭、削除尾端褐黑色，剝成一瓣瓣，沖洗泥土，浸泡冷水；而乾百合要浸泡冷水一晚直到膨脹，再放入滾水氽燙去除雜質。如果乾百合沒有要馬上使用，為了避免氧化，就先不要做前處理的動作。

雙椒鮮百合

材料

百合	200公克
紅甜椒	半顆
黃甜椒	半顆
青椒	半顆
薑末	少許

調味料

玫瑰鹽	1小匙
香菇粉	1/2匙
苦茶油	少許
胡椒粉	適量

做法

1　百合剝成一瓣瓣，切除根部，洗淨；紅甜椒、黃甜椒、青椒分別洗淨，切片。

2　取炒鍋加入苦茶油1大匙，倒入薑末炒香，放入紅甜椒、黃甜椒、青椒，以中火拌炒。

3　加入百合炒至熟，放入玫瑰鹽、香菇粉、胡椒粉攪拌均勻，即可食用。

◎ 芥蘭菜去苦味的烹調

　　芥蘭菜含有機鹼，所以根莖會稍帶苦味，若是要去除芥蘭菜苦味的技巧是加少許的糖調味，還有一個做法是汆燙再炒，再加糖調味，不論是快炒或是煮湯口感清脆甘甜，也可以在清蒸或清燙之後，淋上含有少許糖醬汁，更能吃出天然的好滋味。

芥蘭冬菇

材料

香菇	6朵
芥蘭菜	150公克
薑末	1大匙
素高湯	200CC

調味料

醬油	1大匙
香菇粉	1小匙
砂糖	1小匙
玉米粉水	1小匙

做法

1 香菇加水浸泡至軟；芥蘭菜洗淨，放入加有少許油的熱水中汆燙至熟，撈起，將硬的頭部切掉，切除少許尾部，置入盤中。

2 取炒鍋加入油 1 大匙，倒入薑末以大火爆香，加入香菇、醬油、香菇粉、砂糖、素高湯，以小火煮約 15 分鐘後。

3 再用玉米粉水勾芡，排在芥蘭菜上面，即可食用。

◎ 海帶芽除細沙的處理烹調

海帶芽分為乾燥與鹽製，其處理方式各不同。乾燥的海帶芽前處理是先沖水洗淨再浸泡至膨脹即可烹調，而鹽製的海帶芽含有細沙，先沖洗三遍再浸泡，等海帶芽膨脹即可烹調。

不論是乾燥或鹽製的海帶芽所浸泡的水含有海帶芽稀釋的甜分與營養，可當作素高湯烹煮。

酪梨白味噌醬拌海帶芽

材料

海帶芽⋯⋯⋯⋯⋯⋯⋯150公克
薑絲⋯⋯⋯⋯⋯⋯⋯⋯10公克
海苔⋯⋯⋯⋯⋯⋯⋯⋯1張

調味料

酪梨白味噌醬(P.137)⋯⋯⋯適量

做法

1 海帶芽是先沖水洗淨再浸泡至膨脹；海苔切絲，備用。

2 將泡過的海帶芽放入滾水中汆燙、瀝乾水分，放入容器中。

3 加入海苔絲、薑絲、酪梨白味噌醬攪拌均勻，即可食用。

◎ 蘆筍煮出鮮甜的烹調

蘆筍分為白蘆筍和綠蘆筍，可做成沙拉、蒸、烤、清炒、煮湯、榨汁等變化料理多。掌握蘆筍鮮甜美味的技巧在於火候大小及煮的時間，因為蘆筍是容易煮熟的食物，建議料理溫度高，煮的時間要短，若要冷食，可在煮熟後浸泡冰水，維持翠綠的色澤。

玫瑰鹽烤白蘆筍

材料

白蘆筍	300公克
橄欖油	1大匙
巴西里末	1小匙

調味料

黑胡椒粉	1小匙
玫瑰鹽	1小匙
檸檬汁	1小匙

做法

1　白蘆筍削皮，洗淨，去掉根部較老的部分，排在烤盤上。

2　將橄欖油、巴西里末倒入碗中，加入黑胡椒粉、玫瑰鹽調勻，撒在蘆筍上。

3　烤盤放入預熱180度的烤箱中，以上下火烤10分鐘至熟，取出，淋上檸檬汁，即可食用。

◎ 南瓜的烹調變化

南瓜的烹調方法有很多，但較適合清淡的吃法，方能品嚐出天然的甘甜味。能清蒸、煮湯、油炸，還可以做成甜點餡料與包子。如果能將南瓜外皮洗淨，連皮切塊來料理、食用最佳。

烤南瓜菌菇玉米醬

材料

南瓜	半顆
綠櫛瓜	1根
鴻喜菇	1包

調味料

玉米醬	1罐
胡椒	少許
鹽	少許
橄欖油	1大匙
海苔粉	少許

做法

1 南瓜洗淨，對半切，去籽，蒸煮約 10 分鐘，取出，備用。

2 綠櫛瓜洗淨，切小丁；鴻喜菇撕成小塊。

3 取炒鍋倒入橄欖油加熱，放入綠櫛瓜稍為加熱，加入鴻喜菇略拌炒，加入玉米醬、胡椒、鹽拌勻。

4 將做法 3 放入南瓜盅，移入烤箱，以上下火 220 度烤約 10 分鐘，取出，撒上海苔粉，即可食用。

◎ 葉莖類蔬菜的處理與快炒

葉莖類蔬菜包括橄欖菜花、空心菜、芥菜花等,處理的方式是先去掉青菜梗的纖維質,用手折成數段,放入熱水汆燙(滾水中可加入少許的油及鹽),即可讓梗變嫩、變軟,如果不馬上使用,必須浸泡冷水,瀝乾水分後分裝,再放入冰箱冷藏。

橄欖菜花

材料

橄欖菜花	200公克
櫛瓜花	2支
辣椒	1條
薑末	1大匙
水	100cc

調味料

香菇粉	1小匙
海鹽	1小匙
苦茶油	1大匙

做法

1 將橄欖菜花剝除菜梗上的纖維質,保留嫩心折為數段後,洗淨;辣椒洗淨切片;櫛瓜花洗淨,備用。

2 取炒鍋加入苦茶油1大匙,倒入薑末、辣椒以大火爆香,加入橄欖菜花、水,用中火約炒5分鐘。

3 放入櫛瓜花,稍微拌炒,放入香菇粉、海鹽拌勻,即可食用。

◎ 牛蒡防變色的處理與烹調

　　牛蒡含有豐富的鐵質，剖面一旦曝露在空氣中會立即氧化變成黑褐色，建議切開後放入醋水中稍微浸泡一下，但最好是儘快料理，以免養分流失。牛蒡的纖維質較粗，適合切細絲或燜煮至熟軟食用較好消化，切細絲炒熟後，再與芝麻調拌，即成日式料理常見的前菜。

蜜汁牛蒡

材料

牛蒡	1支
低筋麵粉	1大匙
玉米粉	1小匙
水	1大匙
白芝麻	少許

調味料

麥芽	1小匙
醬油	1小匙
砂糖	1小匙
番茄醬	1小匙

做法

1　牛蒡，削皮，洗淨，切片；低筋麵粉、玉米粉、適當的水放入容器中拌勻，即成粉漿，備用。

2　將牛蒡片沾上粉漿，放入熱油鍋，以中火炸成金黃色，撈起、瀝油。

3　取一炒鍋，倒入全部調味料、水，以小火煮到起泡為止。

4　放入炸過的牛蒡，以小火慢慢攪拌均勻，以免麥芽變焦黑（如果擔心牛蒡沾黏可再加入 1 大匙油），再撒上白芝麻，即可食用。

◎ 芋頭不發癢的處理與烹調

　　徒手處理芋頭會造成手癢，建議戴手套或雙手抹鹽。芋頭可做成點心或煮菜，如果生炒芋頭，在炒鍋倒入油1大匙、薑末1大匙、水300CC，倒入芋頭，加蓋以小火燜煮30分鐘即可。品嚐芋頭香，必須將芋頭炸過再燉湯。用蒸的芋頭會變軟，加入玉米粉，芋頭會變Q。

椰汁芋頭

材料
大甲芋頭	1顆
椰奶	100CC

調味料
楓糖	50CC
冰糖	1大匙

做法

1　芋頭削皮，切塊，放進容器中，移入電鍋蒸至熟。

2　取出芋頭壓成泥狀，取適量捏成球狀，依序全部完成。

3　將椰漿、冰糖、楓糖加入湯鍋中，以小火攪拌均勻，倒入容器中，放入芋頭球，即可食用。

◎ 山藥磨泥、不變色的技巧與烹調

　　建議在選購山藥前，可先請老闆切開，如果5分鐘後不會變黑即可採購。磨泥器具不能用鐵質，只能用陶製磨泥器，磨泥技巧是磨多少量削多少皮。

　　山藥削皮切塊，可浸泡加有白醋及少許鹽的水中，以避免變成褐色，而用不完的山藥，可以在剖面部分塗抹太白粉冷藏保存。

磨菇山藥湯

材料

山藥	200公克
巴西蘑菇	10朵
乾金針	10根
枸杞	1小匙
薑片	2片
素高湯	600CC

調味料

鹽	1小匙
香菇粉	1小匙

做法

1 山藥削皮，切塊；巴西蘑菇、乾金針、枸杞分別洗淨，泡水至軟，備用。

2 素高湯放入湯鍋中，以大火煮沸，放入巴西蘑菇、金針、薑片，以中火煮熟。

3 加入山藥、枸杞煮熟、放入鹽、香菇粉調味，即可食用。

◎ 地瓜的美味烹調技巧

地瓜是最夯的養生食材,其烹調料理多樣化,例如:可用來蒸食、做糕點、煮甜湯、煮稀飯等都非常美味。地瓜若將外皮刷洗乾淨,連皮一起煮粥食用,營養又更加豐富。

香脆紅薯紫蘇片

材料

地瓜	200公克
新鮮紫蘇葉	50公克
脆酥粉	1小碗

沾醬材料

醬油	1大匙
味醂	1大匙
素高湯	1大匙
胡椒粉	少許

做法

1 地瓜洗淨削皮,切成 0.5 公分厚度;紫蘇葉洗淨;脆酥粉加適量的水,調成麵糊,備用。

2 沾醬的材料放入容器攪拌均勻;取盤子鋪上吸油紙,備用。

3 將地瓜、紫蘇葉分別沾上麵糊,放入熱油鍋中,以中火油炸成金黃色,撈起、瀝油,放入盤中吸附多餘的油,搭配沾醬,即可享用。

3. 其他類

◎ 蒟蒻減少異味與烹調

　　蒟蒻可分為蒟蒻細麵、蒟蒻塊、蒟蒻絲、蒟蒻素魷魚、蒟蒻腰花、蒟蒻丸子、蒟蒻小蝦等。減少蒟蒻的異味，將蒟蒻切片、切絲或切塊，準備一鍋沸水，放入白醋1大匙、鹽汆燙約2分鐘，撈起，再用流動水沖淨即可。

　　蒟蒻細麵處理完成，可放入加滿水的保鮮盒冷藏保存。

越式素魷魚

材料

紅蘿蔔蒟蒻	1大塊
紅辣椒	1條
西洋芹	100公克
薑末	1大匙

調味料

越式辣椒醬	適量

做法

1　紅蘿蔔蒟蒻，放入滾水中汆燙，撈起，浸泡冰水；紅辣椒洗淨，切末；西洋芹洗淨，削皮，切片，備用。

2　取炒鍋加入油 1 大匙，倒入薑片、紅辣椒末，以大火爆香。

3　放入紅蘿蔔蒟蒻片、西洋芹片、越式辣椒醬，以中火炒至入味，即可食用。

◎ 蓮子變軟、除苦味的技巧與烹調

蓮子的口感變軟的處理法是洗浸泡水30分鐘，連同浸泡的水一起放入電鍋中蒸至熟，即成。蓮子會苦的原因是蓮子芯的緣故，建議可購買已去除的蓮子。如果買到含芯的蓮子，烹調前可先將蓮子泡水（淹過蓮子）30分鐘，再用牙籤去掉蓮子芯。

桂圓蓮子湯

材料

桂圓乾	100公克
蓮子	100公克
白木耳	50公克
水	600CC

調味料

紅糖	1大匙

做法

1 白木耳沖淨，浸泡冷水至脹發；蓮子洗淨，備用。

2 將水倒入鍋中，放入桂圓乾，以中火煮到桂圓脹開。

3 加入蓮子、白木耳，以中火煮熟至入味，放入紅糖調味，即可食用。

◎ 乾煸的種類與料理

　　乾煸的種類包括四季豆類、筍類或素肉。乾煸四季豆、乾煸素柳、乾煸鮮筍等家常菜，不但美味可口，還能保留住食材營養與鮮美。四季豆也可以改用烤箱先烤熟，做法是將四季豆均勻鋪在烤盤上，淋上油、胡椒粉、鹽，以180度烤約20分鐘，再取出進行料理。

乾煸四季豆

材料

四季豆	300公克
紅甜椒末	1/2顆
紅辣椒末	1/4條
乾香菇	2朵
花椒粒	1大匙

調味料

豆瓣醬	1小匙
醬油	1小匙
香菇粉	1小匙
白醋	1小匙
糖	1小匙

做法

1　四季豆洗淨，切成段；乾淨香菇洗淨，泡水至軟，切末，備用。

2　取炒鍋加入油1碗，倒入四季豆，以中火炸到沒有水分為止，撈起。

3　鍋中預留1大匙的油（其餘倒掉），加入花椒粒，以中火爆香，撈掉花椒粒。

4　放入紅甜椒末、紅辣椒末、香菇末，以中火炒熟，加入全部的調味料、四季豆拌勻，即可食用。

◎ 花生的炒法與烹調技巧

花生的炒法如下：❶先將花生洗淨、瀝乾備用。❷鍋子洗淨，用大火燒熱，再轉小火。❸倒入花生，以中小火，不斷用鍋鏟拌炒至有香味散出。❹再撒上1大匙的鹽水後，轉小火慢炒，炒到鹽水變成鹽，花生入味即可。雖然這樣很花費時間，但成品絕對是讓人讚不絕口。

宮保腰花

材料

杏鮑菇	2大支
芹菜	100公克
乾辣椒	10公克
薑片	1片
熟鷹嘴豆	5公克
白果	10公克
花椒粒	15公克
蓮藕粉水	1小匙

調味料

醬油、白醋	1大匙
香油、砂糖	1小匙
水	1大匙

做法

1 杏鮑菇，切塊，再兩面劃花紋呈腰花形狀，下鍋煎至金黃；芹菜洗淨，切成長段；白果洗淨，乾辣椒剪為小塊，備用。

2 取炒鍋加入油1大匙，放入薑片、乾辣椒、芹菜、白果、鷹嘴豆、花椒粒，以大火爆香。

3 加入杏鮑菇塊略炒，再將全部的調味料倒入鍋中，炒到入味，放入蓮藕粉水，以小火勾芡，即可食用。

◎ 春捲的製作與油炸技巧

　　如何做出美味爽口，卻又絲毫不油膩的春捲呢？除了食材與調味料的選擇之外，還必須掌握火候，控制好油炸時間才好吃。冷凍春捲進行油炸時，先以中火高溫油炸，再轉小火油炸至金黃色即成。現包春捲以中火高溫油炸變成金黃色即成。

蔬香春捲

材料

春捲皮……………………5張
高麗菜絲……………200公克
黑木耳絲………………50公克
竹筍絲………………200公克
紅蘿蔔絲……………100公克
香菜末、芹菜末……各1大匙

調味料

香菇粉…………………1小匙
胡椒粉…………………1小匙
沙拉油…………………1大匙
鹽、地瓜粉水………各1大匙

做法

1　取炒鍋加入沙拉油加熱，倒入芹菜末，以大火爆香，加入高麗菜絲、黑木耳絲、竹筍絲、紅蘿蔔絲、鹽、香菇粉、胡椒粉，以中火炒熟。

2　放入地瓜粉水勾芡，倒入碗中冷卻，加入香菜末攪拌均勻，即成內餡。

3　取一張春捲皮攤開，放入適量的內餡，兩邊對折再捲起，封口處用水黏住，依序全部完成。

4　放入熱油鍋中，炸至金黃色，放在廚房紙巾吸取多餘油分，即可食用。

◎ 腰果的烹調與料理

　　腰果的營養價值很高，含有亞麻油酸、維生素B1、維生素A等富的營養素。但是腰果的熱量與所含的油脂也非常高，因此，在食用時必須多加注意不要吃過量。腰果的烹調方式大致上可以分為燉湯、油炸與磨泥三種，而處理的方式不同，腰果所呈現出來的口感和味道也就會大不相同。

蜜汁腰果

材料

生腰果	300公克
海苔粉	少許

調味料

麥芽	1大匙
番茄醬	1大匙
砂糖	1大匙
鹽	少許

做法

1 生腰果洗淨，汆燙、瀝乾水分，放入熱油鍋中，以小火油炸再慢慢調成中火，炸成金黃色（約九分熟）後，撈起。

2 炒鍋中預留少許油（其餘的油倒掉），加入全部的調味料，轉小火煮到起泡為止（用筷子撈起感覺有絲狀）。

3 放入腰果，以小火攪拌均勻，倒在抹少許油的盤中（避免沾黏），灑上海苔粉後，再用電風扇吹乾冷卻，即可食用。

◎ 米粉除酸味的處理與烹調

　　米粉分為粗的（埔里產，用米製作）與細的（新竹產，用米、澱粉製作）。米粉先泡冷水或汆燙後泡冷水，皆是不正確的觀念，因米粉吸入水分就不會有彈性。正確作法是將米粉汆燙（去掉酸味），散開後撈起、瀝掉水分，用電風扇吹乾（用筷子拌開冷卻，到蓬鬆為止）。

芋頭米粉湯

材料

炸芋頭......................150公克
新鮮香菇......................2朵
豌豆......................10公克
碧玉筍......................10公克
紅蘿蔔片......................10公克
粗米粉......................150公克
芹菜末......................1大匙
素高湯......................600CC

調味料

素沙茶醬......................1小匙
香菇粉......................1小匙
鹽......................1小匙
胡椒粉......................少許

做法

1　將米粉汆燙（去掉酸味），撈起、瀝乾；豌豆洗淨，去除頭尾端，去除老筋；碧玉筍洗淨，切段；香菇沖淨，吸乾水分，切小塊，備用。

2　取炒鍋加入油1大匙，加入芹菜末、香菇，以大火爆香，倒入素高湯、炸芋頭，以小火煮熟。

3　加入粗米粉、豌豆、碧玉筍、紅蘿蔔片、全部的調味料攪拌均勻，即可食用。

◎ 麵線的烹調祕訣與料理

麵線分為紅麵線與白麵線兩種。麵線經過蒸的程序，鹽分少。煮前要先沖洗，剪約10公分長度，可避免黏成團狀。白麵線為了防腐及延長保存期限，添加鹽。烹煮時，水量必須夠多，邊煮邊用筷子攪拌煮至熟加入麻油拌勻，即成。

金茸麵線羹

材料

紅麵線	150公克
金針菇	100公克
黑木耳	1朵
紅蘿蔔絲	1大匙
竹筍絲、碧玉筍絲	各10公克
芹菜末	1大匙
素高湯	600CC
苦茶油	1小匙
蓮藕粉水	1大匙

調味料

醬油、烏醋	各1大匙
胡椒粉、香菇粉	各1小匙

做法

1. 紅麵線用剪刀剪成數段；金針菇切除根部；黑木耳洗淨，切絲，備用。

2. 炒鍋加入苦茶油1大匙，倒入芹菜末爆香；加入金針菇拌炒，加入素高湯、黑木耳絲、紅蘿蔔絲、竹筍絲煮沸。

3. 放入全部的調味料攪拌均勻，倒入蓮藕粉水，以小火勾芡。

4. 再放入紅麵線煮約2分鐘，裝入碗中，撒上碧玉筍絲，即可食用。

◎ 杏仁片的油炸技巧與烹調

　　炸杏仁片必須用冷油，油量要淹過杏仁片多出5公分高，以小火油炸約20分鐘變成淡淡的金黃色，撈起，放在吸油紙盤面，即成。不要油炸到深金黃色，以免撈起後，尚有餘溫而變黑。

杏仁豆皮捲

材料

生的杏仁片·········100公克
嫩豆皮···················2張
銀芽······················100公克
黑木耳絲················80公克
西洋芹絲················50公克
酥炸粉···················1小碗

調味料

鹽、胡椒粉··········各少許
香菇粉、香油········1小匙

做法

1　嫩豆皮切成對半；酥炸粉加入適量的水調勻。

2　取炒鍋加入香油加熱，倒入銀芽、黑木耳絲、西洋芹絲，以大火炒香，再加入全部的調味料，以大火炒熟，冷卻後，即成內餡。

3　取一片嫩豆皮攤開，將適量的內餡放在中間後，捲為小段，依序全部完成。

4　分別將豆皮捲沾麵糊、杏仁片，放入熱油鍋中，以中火炸成金黃色，即可食用。

◎ 豆腐煎、炸、炒的烹調技巧

煎的技巧：以大火熱鍋轉小火，倒油放入豆腐，以中火煎至金黃色調味。

炸的技巧：豆腐切塊，撒上少許的胡椒鹽、香菇粉，再沾脆酥粉麵糊（先加入1大匙沙拉油、少許鹽與香菇粉調味），以中火炸至外酥內嫩即成。（沾醬：素蠔油1大匙、味醂1小匙）。

炒的技巧：放入豆腐以小火烹調，滑動鍋子不能拌炒，以免豆腐碎掉。

麻婆豆腐

材料

豆腐	1塊
香菇	1朵
馬蹄	2顆
青豆仁	少許
芹菜末	1大匙
紅辣椒末	1大匙
花椒粒	1大匙
香菜	少許
素高湯	100CC
玉米粉水	1大匙

調味料

醬油	1大匙
豆瓣醬	1小匙
香菇粉	1小匙
花椒粉	少許
香油	1小匙

做法

1 豆腐瀝乾水分，切小塊；香菇泡水與馬蹄分別洗淨，切成末，備用。

2 取炒鍋加入油1大匙，倒入芹菜末、花椒粒、紅辣椒末，以大火爆香。

3 加入香菇末、馬蹄末、青豆仁、豆腐、素高湯，先用大火拌炒，再轉小火。

4 放入醬油、豆瓣醬、香菇粉倒入鍋中，攪拌均勻，倒入玉米粉水勾芡，撒上花椒粉、香油、香菜，即可食用。

◎ 豆腐泥的烹調種類

　　豆腐泥是優質的蛋白質來源，可以補充每天人體所需要的能量。將豆腐泥作為餡料，加上香菇粉、鹽及香油調味，放入熱鍋乾煎，口感會變得滑嫩清爽，是一個美味又富有高營養的食材。豆腐泥可以用來做清蒸、涼拌、紅燒、乾煎等創意素食料理。

素鰻

材料

嫩豆腐泥	1塊
海苔	1片
芝麻	少許

調味料

鹽、香油、薑汁	各1小匙
香菇粉、玉米粉	各1小匙
燒肉醬汁	少許

做法

1. 嫩豆腐泥放入容器中，加入鹽、薑汁、香菇粉、香油及玉米粉攪拌均勻。

2. 將海苔對半切開，放上豆腐泥，放入蒸籠蒸約 15 分鐘後，取出，放涼。

3. 取炒鍋加入少許油加熱，放入做法 2 將表面煎至金黃色，抹上燒肉醬汁與芝麻，即可食用。

◎ 嫩素豆包的處理與烹調

　　嫩豆包分為厚的與薄的兩種，購買時要挑選非化學萃取技術，採用最健康製成工法，絕不添加防腐劑、漂白劑、色素，純豆皮保留更多原始的香氣及營養價值製作的品質較佳。新鮮的嫩豆包受到高溫容易壞掉，因此建議採買量不宜過多或分裝冷凍保存，冷藏退冰。

蔗香素棒腿

材料

嫩豆包	1 塊
甘蔗條	2 支
玉米粉	30 公克
薑汁	20CC
麵包粉	100 公克
香油	15CC
胡椒粉	10 公克

調味料 A

鹽、香菇粉 ⋯⋯ 10 公克

調味料 B

蘑菇醬 ⋯⋯ 適量

做法

1 玉米粉和薑汁攪拌均勻，即成麵糊。

2 嫩豆包攤開，撒上調味料 A，中間放入甘蔗條 1 支，以順時鐘捲成素棒腿狀。

3 取素棒腿沾麵糊、麵包粉，入鍋以中火油炸成金黃色，沾上調味料 B，即可食用。

4. 湯品製作

◎ 素高湯的製作與保存

　　保存素高湯時，只要在素高湯冷卻後，分為數袋包裝，再放入冰箱冷凍即可，而善用素高湯就能烹調出美味料理。

蔬菜素高湯

材料

白蘿蔔⋯⋯⋯⋯⋯⋯⋯1條
高麗菜⋯⋯⋯⋯⋯⋯1/2顆
玉米⋯⋯⋯⋯⋯⋯⋯1條
薑⋯⋯⋯⋯⋯⋯⋯⋯1塊
紅棗⋯⋯⋯⋯⋯⋯⋯5顆
西洋芹⋯⋯⋯⋯⋯⋯2支
水⋯⋯⋯⋯⋯⋯1200CC

做法

1　白蘿蔔連皮洗淨，切塊；玉米、西洋芹分別洗淨；高麗菜用手剝開，洗淨；薑、紅棗敲破，備用。

2　將水倒入湯鍋中，先以大火煮沸，加入其他的材料，待水滾後，用湯瓢舀出表面雜質，再轉小火煮約 1 小時。

3　最後撈起食材，以大火略滾，熄火，即成。

菌菇素高湯

材料

杏鮑菇	100公克
金針菇	1包
鴻喜菇	1包
乾香菇	5朵
巴西蘑菇	30公克
蟲草花	50公克
水	1200CC

做法

1 將水倒入湯鍋，先以大火煮沸，加入其他的材料，待水滾，用湯瓢舀出表面雜質，再轉小火煮約1小時。

2 最後撈起食材，以大火略滾，熄火，即成。

漢方素高湯

材料

當歸	20公克
黃耆	20公克
川芎	10公克
紅棗	30公克
甘草	10公克
枸杞	10公克
水	1500CC

做法

1 將水倒入湯鍋，先以大火煮沸，加入其他的材料，待水滾，用湯瓢舀出表面雜質，再轉小火煮約1小時。

2 最後撈起材料，以大火略滾，熄火，即成。

◎ 濃湯的烹調與料理

　　用點巧思，以玉米、堅果、南瓜、馬鈴薯、蘑菇等食材，就能做出許多不同風味的濃湯喔！製作濃湯的食材不用煮過熟，而是要保留食材的原味，可以用加水蒸煮法，再放入果汁機攪碎，倒入鍋中，利用鹽、胡椒粉簡單調味，即可呈現釋放自然甜味，香濃滑口的濃湯。

玉米濃湯

材料

玉米粒⋯⋯⋯⋯⋯300公克
腰果⋯⋯⋯⋯⋯⋯50公克
玉米醬⋯⋯⋯⋯⋯⋯1罐
蔬菜高湯⋯⋯⋯⋯1000CC

調味料

海鹽⋯⋯⋯⋯⋯⋯⋯1小匙
香菇粉⋯⋯⋯⋯⋯⋯1小匙
胡椒粉⋯⋯⋯⋯⋯⋯少許

做法

1 將全部的材料放入湯鍋中，先以中火煮沸，煮至小滾。

2 加入全部的調味料，放入果汁機打成汁，倒入容器中，即可食用。

◎ 南瓜濃湯的烹調與料理

南瓜濃湯的味道既香醇又可口，所含的營養成分也很多，是一道值得你嘗試製作的湯品。建議選購自然工法栽植的有機南瓜，洗乾淨之後，可以連果皮一起放到電鍋清蒸（外鍋水2/3杯，避免蒸太久），保留香甜的好滋味，老少咸宜的健康湯品。

南瓜豆奶濃湯

材料

南瓜	50公克
腰果	50公克
豆漿	300公克
素高湯	500CC
月桂葉	1片

調味料

胡椒粉	適量
香菇粉	適量
橄欖油	1小匙
鹽	1小匙

做法

1 南瓜洗淨，去皮，放入電鍋中蒸熟，取出，壓成泥，備用。

2 取炒鍋加入橄欖油加熱，倒入腰果，以中火炒熟，放入素高湯、月桂葉，以中火煮滾，冷卻。

3 南瓜、做法 2、豆漿倒入果汁機攪拌均勻，過濾，瀝取湯汁。

4 倒入乾淨的鍋子，以中火煮滾，再加入鹽、胡椒粉、香菇粉調味，即可食用。

◎ 磨菇濃湯的烹調與料理

　　磨菇是高蛋白低脂肪的食材，但採買時要菇面稍微帶黃，中等大小，菌蓋有些內捲，無破損，乾爽無濕氣較佳。只要善加運用各種菌菇類、堅果、素高湯等食材，只要在家裡也能自行烹調出好喝又營養的磨菇濃湯喔！

磨菇濃湯

材料

磨菇	300公克
腰果	100公克
鴻喜菇	1包
素高湯	600CC

調味料

海鹽	1小匙
香菇粉	少許
胡椒粉	少許
巴西里	少許

做法

1　磨菇用紙巾擦拭乾淨，切成片，備用。

2　取炒鍋加入油 1 大匙，放入磨菇、腰果、鴻喜菇，以中火拌炒至熟。

3　倒入素高湯煮沸，加入果汁機攪拌均勻，倒入乾淨的鍋子，以中火煮滾。

4　再加入全部的調味料，即可食用。

◎ 蔬菜湯的烹調與料理

　　利用各種蔬菜，就能做出道道不同風味的美味湯品，能讓你喝到最天然健康的清爽口感。番茄汁、昆布湯、素高湯等可以做湯底，放入個人喜歡的各種根莖類、花果類、瓜果類等，只要依據各種蔬菜食材的熟度，依序放入鍋中煮食，掌握好烹調時間即能享受食材的原味。

明日葉番茄湯

材料

明日葉	2株
番茄	2顆
冬粉	1把
蔬菜高湯	600CC

調味料

鹽	1小匙
香菇粉	1小匙

做法

1　冬粉浸泡冷水 20 分鐘；取明日葉的葉子、洗淨，備用。
2　番茄洗淨，去蒂，在頂端輕劃十字，汆燙，剝皮，切塊，備用。
3　蔬菜高湯倒入湯鍋中煮沸，放入番茄，以中火煮開。
4　最後放入明日葉、冬粉，加入鹽、香菇粉拌勻，即可食用。

5. 甜點製作

◎ 西米露不黏糊的烹調與美味

在夏天喝著冰冰涼涼的西米露，Q 滑的口感，讓人無法抵擋它的魅力。西米露的口味很多元，可依個人的喜好製作出美味的消暑聖品。西谷米不黏糊的技巧是水與西谷米的比例為10：1，以中小火煮至半熟，再利用水溫燜熟，快速放入冰水降溫，即可維持Q彈的口感。

哈密瓜西米露

材料

哈密瓜.............................1顆
西谷米.............................30公克
椰奶.............................100CC
甜漬櫻桃.............................1 支
冰糖.............................適量
水.............................600CC

做法

1　哈密瓜削皮、去籽，用冰淇淋勺挖成球狀；西谷米泡水 1 小時，瀝乾水分，撈起。

2　取湯鍋中倒入 8 分滿的水，以大火煮沸，加入西谷米，以中小火煮 15 分鐘（一邊煮一邊攪拌）。

3　煮至西谷米呈現半透明，米芯中間留有一點白芯時熄火，燜約 5 分鐘，撈起放入冰水中冷卻降溫。

4　另準備一湯鍋，倒入水 600CC，以大火煮開後，加入冰糖、冷卻，加入椰奶、哈密瓜球、西谷米攪拌均勻，移入冰箱冷藏，取出，加入甜漬櫻桃，即可享用。

◎ 果菜汁的選材與製作

天然的蔬果有各種不同的顏色及不同的營養素，而將蔬果直接打成汁飲用，最能直接吸收蔬果中的營養成分，只要調配得當，例如蘋果、芭樂、鳳梨或金桔都是果汁搭配調味的好食材，可以增加蔬果汁美味的口感，還會有許多意想不到的健康功效喔！

養顏美容汁

材料

甜菜根	1/2顆
香蕉	1/2條
蘋果	1/4顆
鳳梨	1/4塊
金桔	1/2顆
蜂蜜	少許
水	300CC

做法

1　甜菜根削皮，切塊；香蕉及蘋果分別洗淨，去皮，切塊；鳳梨去皮，切塊。

2　全部的材料倒入果汁機一起攪打成汁，即可飲用。

◎ 煮豆類的祕訣與烹調

綠豆仁是脫皮的綠豆,必須先洗淨,浸泡30分鐘以上,以綠豆仁與水的比例是1:5,先以中火煮沸,再轉小火熬煮一邊煮一邊攪拌,加入玉粉水讓口感更細緻、濃稠度更均勻美味。煮紅豆祕訣是烹煮前要泡水5小時,綠豆和花生要泡水2小時,再以小火煮至熟調味。

綠豆仁糊

材料

綠豆仁⋯⋯⋯⋯⋯200公克
砂糖⋯⋯⋯⋯⋯⋯3大匙
玉米粉水⋯⋯⋯⋯1大匙
水⋯⋯⋯⋯⋯⋯⋯600CC

做法

1 綠豆仁洗淨,浸泡冷水 15 分鐘,撈起,放入盤中。

2 取水 300CC 倒入碗中,加入綠豆仁後,放入蒸籠(須事先預熱至蒸氣跑出來),以中火蒸 20 分鐘,取出,冷卻。

3 倒入果汁機,再加入剩餘的水,打成泥狀。

4 倒入湯鍋中,放入砂糖,以小火煮熟,放入玉米粉水,以小火勾芡,倒入碗中,即成。

\ *Part5* /
國際素食廚神健康美味料理

山藥養生粥

健脾益胃、助消化，養生食療效果滿分

材料

白米	100公克
紫山藥	50公克
毛豆仁	30公克
白果	30公克
黑木耳	20公克
紅甜椒	少許
素高湯	1000CC

調味料

鹽	1小匙
白胡椒	少許
葵花油	少許

做法

1 紫山藥洗淨，去皮，切丁；黑木耳洗淨，切丁；其他的材料洗淨，備用。

2 取電鍋的內鍋，倒入白米洗淨，放入其他的材料。

3 加入全部的調味料，外鍋倒入 1 杯水，煮至電鍋開關跳起，即可食用。

綿密濃郁的香氣，芋見你的好滋味

阿嬤的芋頭鹹粥

材料

白米	100公克
芋頭	50公克
蒸熟鷹嘴豆	30公克
毛豆仁	30公克
黑木耳	20公克
紅甜椒丁	10公克
素高湯	1000CC

調味料

鹽	1小匙
白胡椒	少許
花生油	少許

做法

1 芋頭、黑木耳洗淨，切丁；其他的材料洗淨，備用。

2 取炒鍋加入少許的花生油，放入芋頭丁、黑木耳炒香。

3 取電鍋的內鍋，倒入白米洗淨，放入其他的材料。

4 加入白胡椒、鹽，外鍋倒入水 1 杯，煮至電鍋開關跳起，取出，即可食用。

翡翠杏菇粥

簡單又美味，老少咸宜的養生粥

材料

白米 100公克
杏鮑菇 50公克
菠菜 50公克
枸杞 .... 少許
素高湯 1000CC

調味料

鹽 1小匙
白胡椒 .... 少許
葵花油 .... 少許

做法

1 菠菜洗淨，汆燙，泡冰水，切成末；杏鮑菇撕成細絲，下鍋炒香，備用。

2 取電鍋的內鍋，倒入白米洗淨，放入杏鮑菇、枸杞、素高湯。

3 加入全部的調味料，外鍋倒入水 1 杯，煮至電鍋開關跳起，取出，放入菠菜拌勻，即可食用。

材料

無麩質全穀燕麥片......1杯
核桃............................20公克
胡桃............................20公克
南瓜子........................20公克
紅棗..............................8顆
素高湯....................1000CC

調味料

楓糖............................1大匙
鹽................................少許

胡桃燕麥健腦粥

來點不一樣的，健腦益智，四季皆宜的好滋味

做法

1 全部的材料放入容器中，移入冰箱冷藏 10 小時，備用。

2 將做法 1 取出，移入電鍋，外鍋倒入水 1 杯，煮至開關跳起。

3 放入調味料稍微攪拌，再燜煮約 5 分鐘，即可食用。

山藥百果健肺粥

簡單滑嫩爽脆的口感，回歸食材樸實的本味

材料

材料	份量
白米	100公克
新鮮百合	50公克
白果	30公克
蘆筍	30公克
素高湯	1000公克

調味料

調味料	份量
鹽	1小匙
白胡椒	少許
苦茶油	少許

做法

1 新鮮百合洗淨；蘆筍洗淨，切小丁，備用。

2 取電鍋的內鍋，倒入白米洗淨，放入新鮮百合、白果、素高湯、全部的調味料。

3 外鍋倒入水1杯，煮至電鍋開關跳起，加入蘆筍丁燜熟，取出，即可食用。

五行五穀粥

五色五味的養生食療，吃出健康好體質

材料

五穀米	1杯
綠花椰	10公克
黃甜椒片	20公克
紅蘿蔔片	20公克
黑木耳	10 公克
有機豆腐	1小塊
素高湯	1000CC

調味料

鹽	1小匙
白胡椒	少許
苦茶油	少許

做法

1 五穀米洗淨，浸泡水一晚，備用。

2 綠花椰、黃甜椒片、紅蘿蔔片、黑木耳洗淨，備用。

3 取電鍋的內鍋，倒入五穀米，加入素高湯及全部的調味料。

4 外鍋倒入水 1 杯，煮至電鍋開關跳起，放入綠花椰、黃甜椒片、黑木耳、
紅蘿蔔片、有機豆腐燜約 10 分鐘攪拌均勻，即可食用。

香椿炒飯

每一口都能享受到亞洲第一抗氧化的蔬菜，吃飽又吃巧

材料

白飯	1碗
紅蘿蔔	100公克
毛豆仁	50公克
香菇丁	50公克
葵花油	1大匙

調味料

香椿醬	1大匙
鹽	1小匙
白胡椒	少許

做法

1 紅蘿蔔洗淨，去皮，切絲；青豆仁洗淨，煮熟，備用。

2 取炒鍋倒入葵花油加熱，放入紅蘿蔔絲、毛豆仁、香菇丁拌炒。

3 加入白飯、全部的調味料拌炒均勻，即可食用。

黎麥青江菜飯

粒粒米飯混合著穀物界的紅寶石，升等為五星級的主食

材料

白飯	1碗
青江菜	2顆
豆乾丁	30公克
三色黎麥	30公克
苦茶油	1大匙

調味料

壺底油	1大匙
香菇粉	少許
胡椒粉	少許

做法

1 三色黎麥浸泡水約 4 小時，蒸熟，備用。

2 青江菜洗淨，切末；豆乾丁切末，備用。

3 取炒鍋加入苦茶油加熱，放入豆乾末、青江菜末炒香。

4 放入白飯、三色黎麥、全部的調味料攪拌均勻，即可食用。

野菌菇燉飯

喜愛菇類的老饕，絕不容錯過的經典美食

材料

紅甜椒、黃甜椒	各半顆
壽司米	100公克
鮑魚菇	70公克
鴻喜菇	70公克
月桂葉	1片
苦茶油	1大匙
素高湯	300CC

調味料

壺底油	1大匙
胡椒粉	少許
海帶粉	少許
鹽	少許

做法

1 將紅甜椒、黃甜椒洗淨，切小丁；壽司米洗淨，備用。

2 取炒鍋加入苦茶油加熱，放入鮑魚菇、鴻喜菇、紅甜椒丁、黃甜椒丁拌炒30秒，放入壽司米。

3 加入素高湯、月桂葉、全部的調味料，移入電鍋內鍋。

4 外鍋放入水1杯，按下開關煮熟，開鍋拌勻，即可食用。

材料

熱白飯	1碗
無鹽山核桃	25公克
熟酪梨	半顆
燒海苔	2小張

調味料

海鹽	1小匙
香菇粉	1小匙
黑胡椒	少許
芝麻油	少許

山核桃酪梨飯

絕對讓人驚嘆的組合,聰明達人補充健腦的主食

做法

1 山核桃放入烤箱,以 180 度烘烤 10 分鐘,備用。

2 燒海苔,以小火烘烤,捏碎,備用。

3 酪梨洗淨,去皮及果核,切小片,備用。

4 取熱白飯,放入已壓成碎粒的山核桃、燒海苔、全部的調味料拌勻,再放上酪梨片,即可食用。

日式烤飯糰

野餐時來點特別的味道，內餡自由配，香酥又美味

材料

煮熟的胚芽飯	1碗
熟白芝麻	20公克
梅子肉	20公克
燒海苔	1小張

調味料

紅味噌	1大匙
味醂	1大匙
黑胡椒	少許

做法

1 梅子肉切碎末，與胚芽飯、熟白芝麻拌勻，捏成三角型。

2 將全部的調味料放入容器混合成醬汁，取刷子沾取適量，刷在飯糰表面。

3 用炭火烘烤兩面至焦黃，包著剪成小片狀的燒海苔，即可食用。

胡麻糙米茶泡飯

有點餓的消夜好夥伴，品嚐高纖蔬菜的美味湯飯

材料

糙米飯	1碗
長菜脯末	20公克
青江菜末	10公克
燒海苔絲	1小張
高麗菜葉	1大葉
枸杞、茶葉	各少許
當歸	1片
素高湯	400CC
胡麻油	少許

調味料

海鹽	1小匙
香菇粉	少許
胡椒	少許

做法

1. 素高湯、枸杞、茶葉、當歸放入湯鍋中煮沸；即成茶湯，備用。

2. 取炒鍋放入胡麻油加熱，加入糙米飯、長菜脯末、青江菜末拌炒，再放入全部的調味料拌勻。

3. 高麗菜葉汆燙至軟嫩，過冰水後，用紙巾擦拭多餘水分，加入做法 2 包成長條，放入湯碗中，倒入茶湯，撒入燒海苔絲，即可食用。

和風海藻涼麵

夏日輕食最佳的美食，佐醬口味能多變化

材料

綠藻麵	200公克
燒海苔	1大張
白芝麻	少許
新鮮山葵	少許
苦茶油	1大匙

調味料

味醂	2大匙
淡醬油	3大匙
白芝麻醬	1大匙
蘿蔔泥	2大匙
醋	少許

做法

1 燒海苔以小火烘烤酥脆，剪成細絲狀；新鮮山葵磨成泥，備用。

2 全部的調味料放入容器混合拌勻，備用。

3 綠藻麵放入滾水中煮至熟，撈起，瀝乾水分，加入苦茶油拌勻，放涼。

4 加入燒海苔、白芝麻、調味料、新鮮山葵泥拌勻，即可食用。

五種蔬菜調養五臟，天天擁有好氣色

五行養生蔬菜麵

材料

家常麵	200公克
紅蘿蔔	50公克
綠花椰	20公克
黑木耳	10公克
番茄	1顆
高麗菜	30公克
白精靈菇	10公克
素高湯	1000CC

調味料

海鹽	1小匙
香菇粉	1小匙
白胡椒	少許

做法

1 全部的蔬菜洗淨，切成適口的大小，備用。

2 家常麵放入滾水中煮至熟，撈起，瀝乾水分，備用。

3 素高湯放入湯鍋中煮沸，放入紅蘿蔔、綠花椰、黑木耳煮至八分熟。

4 放入番茄、高麗菜、白精靈菇煮至熟，加入家常麵、全部的調味料，即可食用。

養生麵

苦茶油梅乾菇拌麵

桐花山林展新妝，飄香滋味一起嚐

材料

- 波浪家常麵……1包
- 鴻喜菇……30公克
- 梅乾菜……50公克
- 碧玉筍……少許
- 苦茶油……3大匙

調味料

- 烏醋……1小匙
- 壺底油……1大匙
- 香菇粉……1小匙
- 花椒粉……1小匙
- 白胡椒……少許

做法

1. 梅乾菜、鴻喜菇洗淨，切末；碧玉筍洗淨，切絲，備用。
2. 取炒鍋放入苦茶油加熱，加入梅乾菜、鴻喜菇末炒香，放入全部的調味料拌勻。
3. 將波浪家常麵放入滾水中煮至熟，撈起，瀝乾水分，裝入盤。
4. 拌入做法 2，放入碧玉筍絲，即可食用。

香檸辣蕎麥麵

微酸甜又帶有香辣，史上最佳組合的新滋味

材料

蕎麥麵	1把
紅甜椒片	半顆
黃甜椒片	50公克
毛豆仁	20公克
芒果丁	150公克
腰果	20公克

調味料

白芝麻醬	1大匙
辣椒醬	1大匙
水梨汁	100CC
黃檸檬（擠汁）	1小塊
海鹽	少許

做法

1 紅甜椒片、黃甜椒片、毛豆仁放入滾水中汆燙至熟，撈起，備用。

2 全部的調味料放入容器中拌勻，備用。

3 蕎麥麵放入滾水中煮至熟，撈起，瀝乾水分，放入盤中。

4 加入紅甜椒片、黃甜椒片、毛豆仁、芒果丁、腰果與做法 2 拌勻，即可食用。

素食叻沙麵

用健康好食材，簡單做出南洋風的超人氣麵食

材料

生拉麵	1把
猴頭菇	60公克
番茄	1顆
綠花椰	20公克
乾香菇	1朵
九層塔	少許

調味料

檳城咖沙醬	1大匙
素高湯	1000CC
鹽	少許

做法

1. 猴頭菇泡水至軟，汆燙，擠出多餘水分，連續重複動作3次；番茄洗淨，切塊；乾香菇浸泡至軟；九層塔洗淨。

2. 生拉麵放入滾水煮熟，撈起，瀝乾水分，放入湯碗中，備用。

3. 素高湯倒入湯鍋中，放入檳城咖沙醬拌勻，以中火煮沸，放入番茄煮出香味。

4. 加入猴頭菇、泡發的香菇、番茄、綠花椰煮沸，倒入做法2，放入九層塔，即可食用。

材料

古早麵線	1把
白精靈菇	50公克
柳松菇	50公克
蒸熟鷹嘴豆	20公克
碗豆	10公克
高麗菜絲	少許
紅棗	8～10顆
枸杞	10公克

調味料

漢方素高湯（P.211）	1000CC
特級麻油	1大匙
海鹽	少許

做法

1 白精靈菇、柳松菇用水沖淨，切小段；碗豆洗淨，摘除頭尾端，撕除老筋，備用。

2 古早麵線放入滾水中煮至熟，撈起，瀝乾水分，放入湯碗，加入麻油拌勻。

3 藥膳高湯放入湯鍋中加熱，放入其他的材料煮熟，加入海鹽、麻油調味，倒入做法 3，即可食用。

藥膳養生麵

節令溫補最佳的首選，色香味俱全的食療

百香果涼拌珊瑚草

美肌養顏首選食材，酸酸甜甜，Q彈好開胃

材料

珊瑚草	100公克
紅蘿蔔絲	30公克
小黃瓜絲	20公克
紅甜椒絲	20公克
白芝麻	大匙
百香果	3顆

調味料

楓糖	2大匙
橄欖油	1大匙
鹽	少許
醋	少許

做法

1 珊瑚草浸泡兩小時至軟化，取剪刀修剪粗枝，再剪短長度；百香果洗淨，對切，取果肉。

2 紅蘿蔔絲、小黃瓜絲用少許的鹽拌勻，靜置 10 分鐘，用冷開水洗淨。

3 將全部的材料、全部的調味料放入容器中拌勻，移入冰箱冷藏一晚，取出，即可食用。

川味天貝

家傳經典的風味，蛋白質補給最佳的來源

材料

天貝	250公克
杏鮑菇	70公克
薑末	10公克
乾辣椒	2根
花椒	數粒
八角	3粒
橄欖油	少許

調味料

岡山辣豆瓣醬	2小匙
紅麴醬	1小匙
白醋	少許
糖	少許

做法

1　天貝切片；杏鮑菇切小丁；乾辣椒切小片。

2　取平底鍋放入橄欖油加熱，加入天貝，以中小火煎至兩面金黃，盛入盤中，備用。

3　再倒入少許的橄欖油，放入薑末、乾辣椒、花椒、八角爆香，放入杏鮑菇丁、全部的調味料，以中小火拌炒均勻。

4　將炒好的**做法 3**，放在天貝上面，即可食用。

泰式杏菇花

酸甜又香辣，泰饗瘦的健康美食

材料

杏鮑菇	250公克
高麗菜絲	80公克
香菜	1小把
辣椒	2小根
香茅	1/4根
檸檬	1顆

調味料

醬油	2大匙
椒麻醬	1大匙
楓糖	2大匙
海鹽	少許
橄欖油	少許

做法

1 杏鮑菇直切對半，兩面刻花紋；香菜、辣椒、香茅分別洗淨，切末；檸檬擠汁；高麗菜絲鋪在盤底，備用。

2 取平底鍋加入少許的油，放入杏鮑菇乾煎至熟，取出，備用。

3 香菜、辣椒、香茅、檸檬、全部的調味料放入容器中拌勻，即成泰式醬料。

4 將煎熟的杏鮑菇放入盤中，淋入泰式醬料，即可食用。

材料
有機黑豆腐·····················1盒
山藥·························200公克
山椒葉··························少許

調味料
奇異果醋·····················1小匙
味醂····························1大匙
醬油····························1大匙
白芝麻··························少許
橄欖油··························少許

做法

1 山藥洗淨，去皮，磨成泥，放入容器中，加入奇異果醋拌勻，可避免氧化變色。

2 味醂、醬油、白芝麻、橄欖油放入容器中，拌勻，備用。

3 將有機黑豆腐放入容器中，加入做法 1、做法 2，擺上山椒葉，即可食用。

意想不到的美味結合，充滿驚嘆的懷石風味

奇異果醋佐山藥泥豆腐

山椒綠芽拌鮮筍

迎接初夏的和風味，創意滿分的一品料理

材料

綠竹筍	1根
菠菜	100公克
苜蓿芽	100公克
紫高麗菜芽	100公克

調味料

白玉味噌	1大匙
山椒粉	1小匙
味醂	1小匙

做法

1 綠竹筍帶皮洗淨；波菜洗淨，汆燙，過冷水，備用。

2 綠竹筍放入滾水中煮至熟，撈起，瀝乾水分，放入冰箱冷藏，備用

3 菠菜、全部的調味料放入食物調理機中拌勻，打成醬汁。

4 綠竹筍切小塊，沾裹醬汁，再分別沾苜蓿芽、紫高麗菜芽，即可食用。

胡麻醬佐綠蘆筍豆腐

舌尖帶起陣陣的漣漪，舞出華麗的旋律

材料

綠蘆筍.....................300公克
豆漿.........................500公克
素高湯.....................250公克
吉利T粉.....................15公克
白芝麻.........................少許

調味料

薄醬油.........................1小匙
味醂.............................1小匙
胡麻醬.........................1大匙
素蠔油.........................1小匙

做法

1 綠蘆筍洗淨，放入滾水中氽燙，浸泡冷水，再放入果汁機打碎，過濾除渣取汁，備用。

2 蘆筍汁、豆漿、素高湯、薄醬油、味醂，放入果汁機攪拌均勻，倒入湯鍋。

3 加入吉利T粉，以小火加熱，入模冷藏1小時，即成綠蘆筍豆腐。

4 將綠蘆筍豆腐切小塊，放入容器中，淋上胡麻醬、素蠔油，加入白芝麻，即可食用。

材料

主廚製嫩豆包	1片
紅甜椒、黃甜椒	各半顆
青椒	半顆
綠蘆筍	3根
橄欖油	1大匙

調味料

鹽	少許
海苔醬	2大匙
素高湯	少許

雙椒蘆筍佐海苔醬豆包

超唰嘴又下飯的開胃料理，全家人都愛吃

做法

1 紅甜椒、黃甜椒、青椒、綠蘆筍洗淨，切長條，放入滾水中汆燙，撈起，瀝乾水分，浸泡冷水，備用。

2 取炒鍋加入橄欖油，放入嫩豆包乾煎至香脆，加入少許鹽，取出，切成片狀，備用。

3 海苔醬、素高湯放入容器中拌勻，即成醬汁。

4 紅甜椒、黃甜椒、青椒、綠蘆筍、切好的嫩豆包，放入盤中，淋上醬汁，即可食用。

蔬果的原味搭配創意醬汁，輕食又美味

蓮藕夾密瓜佐甜菜根醬

材料

嫩蓮藕	1大節
小黃瓜	1/4條
哈密瓜	1/4顆

調味料

白醋	2大匙
糖	1大匙
鹽	少許
甜菜根醬	2大匙

做法

1. 嫩蓮藕洗淨，去皮，切成夾片，放入熱水汆燙，取出，放冷；小黃瓜洗淨，切片；哈密瓜去皮，切小片，備用。

2. 小黃瓜片、嫩蓮藕片、白醋、糖、鹽放入容器中，稍微醃製約 20 分鐘，再用冷開水沖淨。

3. 將小黃瓜片、哈密瓜片塞入蓮藕夾，依序全部完成，擺盤，淋上甜菜根醬，即可食用。

炸紫蘇海苔豆包捲

酥脆又豐富的層次感，在嘴裡綻放著幸福的滋味

材料

嫩豆皮	3大片
燒海苔	3大片
紫蘇葉末	3片

調味料

紅麴醬	1大匙
酥炸粉	少許
新引粉	少許
鹽	少許
水	適量

做法

1 酥炸粉、新引粉、鹽、水放入容器中混合，放入紫蘇葉末，備用。

2 取一張嫩豆皮攤平，抹上一層紅麴醬，再貼上燒海苔，捲起，取牙籤固定。

3 沾上做法1，放入熱油鍋中，炸至金黃色，取出，瀝油，切小段，擺盤，即可食用。

超人氣的養生食材，簡單做、健康滿分

紫薯油花菜捲

材料

手工抓餅	1張
紫薯	50公克
黃金薯	50公克
油花菜	1小把
白芝麻	少許

調味料

白醋	2大匙
糖	1大匙
鹽	少許
味噌	2大匙
素燒肉醬	少許

做法

1 紫薯、黃金薯分別洗淨，去皮，蒸熟，壓泥，即成黃金薯泥與紫薯泥。

2 油花菜洗淨，放入熱水汆燙，撈起，浸泡冷水，待涼，擠乾水分，與白醋、糖、鹽拌勻，備用。

3 黃金薯泥、味噌放入食物調理機攪拌均勻，備用。

4 手工抓餅下鍋煎至酥脆，取出，鋪上黃金薯泥、油花菜、紫薯泥捲起，切成小段，抹上素燒肉醬，撒上白芝麻，即可食用。

烤白玉味噌酪梨茄子

鮮嫩滑順的健康美味，簡單做又好吃

材料

日本茄子......................1個

熟酪梨..........................1顆

巴西里末......................少許

甜羅勒末......................少許

調味料

義大利綜合香料粉......少許

鹽.....................................少許

白玉味噌醬..................2大匙

黑胡椒粉......................少許

檸檬汁...........................少許

橄欖油...........................少許

做法

1 茄子洗淨，對切，灑上義大利綜合香料粉、鹽、橄欖油，移入烤箱，以上下火 200 度烤約 20 分鐘。

2 取酪梨果肉，切小丁，加入檸檬汁定色，再與巴西里末、甜羅勒末、白玉味噌醬、黑胡椒粉攪拌均勻，備用。

3 取出烤好的茄子，抹上做法 2，再放入烤箱以上下火 220 度烤約 5 分鐘，取出，即可食用。

248

蓮藕香菇高麗捲

安心雅緻的健康蔬食，均衡美味，百吃不厭

材料

高麗菜葉	2片
蓮藕	1/5條
乾香菇	3朵
荸薺	4粒
紅蘿蔔	1/5條
青豆仁	少許

調味料

糖	1小匙
香菇粉	少許
鹽	少許
芝麻油	1大匙
醬油	2大匙

做法

1 高麗菜葉洗淨，放入熱水氽燙，泡冷開水，撈起，擦乾水分，備用。

2 蓮藕洗淨，放入電鍋中蒸熟，壓成泥；乾香菇泡水至軟，擠出多餘水分，切成末；荸薺、紅蘿蔔去皮，切成末，備用。

3 取炒鍋加入少許的油，放入香菇末、荸薺末、紅蘿蔔末、青豆仁下鍋拌炒，加入糖、香菇粉、鹽、蓮藕泥拌勻，即成餡料。

4 取燙熟的高麗菜葉攤平，包入適量的餡料，捲起，淋上芝麻油及醬油，即可食用。

素干貝獅子頭

經典的大廚特製佳餚，重現時尚的飲食風貌

材料 A

有機板豆腐	2塊
紅蘿蔔末	2大匙
香菇末	2朵
荸薺末	2顆
芹菜末、薑末	15公克
素干貝絲	3顆

材料 B

菠菜	100公克
薑片	少許

調味料 A

玉米粉	2大匙
橄欖油	1大匙
五香粉、香菇粉	1小匙
鹽	少許

調味料 B

紅燒醬汁	2大匙

做法

1. 準備一條乾淨的棉布，放入板豆腐，雙手用力扭緊，擠出多餘水分，放入大碗裡，備用。

2. 加入其他的**材料 A** 混合柔捏，放入**調味料 A**，捏成球狀，依序全部完成，即成素獅子頭。

3. 將素獅子頭移入蒸籠內鍋，以大火蒸約 10 分鐘至定型，取出。

4. 菠菜洗淨，放入滾水中，加入薑片汆燙，平鋪在碗底。

5. 取炒鍋放入少許的油加熱，加入素獅子頭煎至金黃色，再取出，放在菠菜上，淋上加熱好的**調味料 B**，即可食用。

材料

乾猴頭菇......................2朵
紅蘿蔔球..................30公克
碧玉筍......................20公克
老薑片......................15公克
辣椒片......................10公克

九層塔......................10公克
橄欖油......................2大匙

調味料

醬油 2大匙
香菇粉 1小匙
胡椒粉........................1小匙

三杯猴頭菇

極品的御膳佳餚，蘊藏著首席廚藝料理的撇步

做法

1 猴頭菇泡水至軟，放入滾水中汆燙，擠出多餘水分，連續重複
   動作 3 次，再切成塊狀。

2 九層塔洗淨；碧玉筍洗淨，切小段。

3 取炒鍋加入少許的橄欖油加熱，放入老薑片、辣椒片爆香，再
   放入猴頭菇拌炒至有香味。

4 加入紅蘿蔔球、碧玉筍炒熟，放入全部的調味料，起鍋前，續
   入九層塔拌勻，即可食用。

黑椒烤波特菇

國際廚神研發厚實多汁的美味，請您一起來品嚐

材料

波特菇	3朵
馬鈴薯泥	50公克
腰果	60公克
黑橄欖末	50公克
青辣椒末	3支
紅甜椒末	半顆
青豆仁	10公克
巴西里	5公克
素高湯	100CC
橄欖油	2大匙

調味料

胡椒粉	1小匙
海鹽	1小匙
黑胡椒	1小匙
香菇粉	1小匙
小茴香粉	少許

1 波特菇洗淨，去蒂；腰果泡水 2 小時，備用。

2 將腰果、素高湯、胡椒粉、海鹽，放入調理機打成醬，備用。

3 取炒鍋放入橄欖油加熱，加入黑橄欖末、青辣椒末、紅甜椒末、青豆仁炒香，放入黑胡椒、香菇粉調味。

4 續入馬鈴薯泥混合，放入小茴香粉、巴西里末拌勻。

5 將做法 4 混合好的餡料醬，分別填入波特菇，移入烤箱，以上下火 180 度烤 20 分鐘，取出，即可食用。

材料

有機板豆腐	1塊
金針菇	1包
有機燕麥片	100公克
黑豆罐頭	半罐
紅甜椒丁	20公克
青辣椒	2支
黃甜椒丁	20公克
碧玉筍絲	少許

調味料 A

迷迭香	1大匙
香菇粉、胡椒粉	1小匙
鹽、黑胡椒	1小匙
橄欖油	2大匙

調味料 B

黑胡椒、素蠔油	1小匙
番茄醬	1小匙
素高湯	1大匙
糖	少許

迷迭香煎素排

淡雅的香味，擁有爽口不膩的好味道

做法

1. 金針菇去蒂頭，切小段；青辣椒洗淨，去籽，切丁備用。

2. 準備一食物調理機，將板豆腐、金針菇、燕麥片、黑豆、紅及黃甜椒丁、青辣椒丁放入以慢速攪打均勻，檢查質地不要太水，加入調味料 A，再拌勻，即成餡料。

3. 準備一個平盤，鋪上烤盤紙，再取用數個煎蛋用的模型鋼圈，分別放在烤盤紙上面，填入餡料，用湯匙抹平，脫模，移入冷凍庫 1 小時，即成素排。

4. 準備一平底鍋，放入橄欖油加熱，放入素排以中小火煎至兩面金黃色，淋上調合的調味料 B，撒上碧玉筍絲，即可食用。

主菜

香料野菌菇番茄盅

超經典的法式料理，切開之後有滿滿驚喜

材料 A

有機熟番茄	1顆
羊肚菌	1小根
美白菇	20公克
鴻喜菇	1包
竹笙	1支
百合	50公克
銀杏	8顆
青豆	10公克

材料 B

紅酸膜	少許
菠菜	100公克

調味料 A

綜合香料	50公克
香菇粉	1小匙
胡椒粉	1小匙
鹽	1小匙

調味料 B

巴沙米可醋	50CC

調味料 C

松子	50公克
橄欖油	20CC
海鹽	1小匙
芥末籽	少許

做法

1 羊肚菌洗淨，浸泡冷水至軟；番茄洗淨，劃十字刀，汆燙，去皮，切除頭端，挖去果肉，備用。

2 美白菇、鴻喜菇切成小段；百合、銀杏分別洗淨，切碎，備用。

3 取炒鍋放入橄欖油 2 大匙加熱，材料 A（除了番茄）稍微拌炒出水，煮至慢慢收汁後，放入調味 A，即成餡料。

4 將餡料塞入番茄，刷上調味 B 的巴沙米可醋，放進冰箱冷藏，備用。

5 將菠菜洗淨，汆燙，過冷水，放入果汁機與調味 C 混合，抹在盤底，放上冷藏的番茄、紅酸膜、松子，即可食用。

材料

有機紅蘿蔔	2根
黃櫛瓜	2根
綠櫛瓜	2根
茄子	1根

調味料

橄欖油	2大匙
黑胡椒粉	1大匙
海鹽	少許
迷迭香	1株
新鮮檸檬汁	30CC

做法

1 有機紅蘿蔔、黃櫛瓜、綠櫛瓜、茄子分別洗淨，切成圓薄片。

2 準備一平底鍋，倒入橄欖油，鋪上**做法 1** 的材料，再灑上黑胡椒粉、海鹽、迷迭香。

3 放入烤箱，以上下火 220 度烤約 15 分鐘，趁熱淋上檸檬汁，即可食用。

主菜

普羅旺斯燉菜

繽紛亮麗的時蔬，歷經慢火細烤呈現絕美之味

養生上品湯

輕鬆燉煮好食材，暖心又暖胃，讓家充滿幸福滋味

湯品

材料

牛蒡	80公克
腰果	50公克
香菇	4朵
黃茸	10公克
枸杞	10公克
人蔘鬚	10公克
老薑片	6片
麻油	1大匙
素高湯	1000CC

調味料

鹽	1小匙
香菇粉	1小匙

做法

1 牛蒡洗淨，削皮，切約 3 公分長，浸泡鹽水，備用。

2 腰果洗淨，浸泡冷水約 10 分鐘；香菇泡水至軟，擠乾水分，切塊，備用。

3 取炒鍋放入麻油 1 大匙，放入老薑片，以大火炒香，倒入素高湯煮沸。

4 放入其他的材料，以中火煮 10 分鐘，轉小火續煮 20 分鐘，放入調味料拌勻，即可食用。

材料

枸杞⋯⋯⋯⋯⋯⋯20公克
老薑片⋯⋯⋯⋯⋯⋯6片
當歸⋯⋯⋯⋯⋯⋯10公克
香菇⋯⋯⋯⋯⋯⋯50公克
川芎⋯⋯⋯⋯⋯⋯10公克
素高湯⋯⋯⋯⋯⋯600CC

調味料

鹽⋯⋯⋯⋯⋯⋯1小匙
香菇粉⋯⋯⋯⋯⋯1小匙

枸杞明目湯

現代養生的黃金組合，更是提升好視力的暖鍋物

做法

1　全部的材料、調味料放入湯碗，並用保鮮膜封口。

2　移入蒸籠（需事先預熱至蒸氣跑出來），以大火蒸約 20 分鐘，轉中火，繼續蒸約 15 分鐘，取出，即可食用。

湯品

三絲繡球湯

國際大廚的創意養生湯，倍感溫馨的幸福好滋味

材料

嫩豆腐	2塊
荸薺末	6顆
紅蘿蔔絲	100公克
香菇絲	3朵
芹菜末	1株
辣椒絲	100公克
素高湯	600CC

調味料 A

香油	1大匙
玉米粉	1大匙

調味料 B

胡椒粉	少許
香菇粉	1小匙
鹽	1小匙

做法

1 嫩豆腐放入碗中搗碎，加入荸薺末、香油攪拌均勻，即成內餡。

2 紅蘿蔔絲、辣椒絲、香菇絲、芹菜末及玉米粉放入容器中，攪拌均勻。

3 準備一個深盤，盤子內層抹一層油，取適量的做法 1、內餡捏成球狀，擺在盤子裡面，依序全部完成。

4 放入蒸籠（需預熱至有蒸氣），以中火蒸 20 分鐘，取出。

5 素高湯與調味料 B 放入湯鍋中，以大火煮沸，加入做法 4，即可食用。

材料

水蓮 200公克
玉米 100公克
竹筍 100公克
新鮮香菇 100公克
紅蘿蔔球 .... 數個

薑片 1片
素高湯 500CC

調味料

香菇粉 1小匙
鹽 1小匙

水蓮四喜湯

樸實簡單的風味，吃得滿足又開心

做法

1 水蓮洗淨，放入滾水中汆燙（殺青），撈起，浸泡冷水待涼，切成 5 公分長，備用。

2 玉米洗淨，切塊；竹筍切片；香菇切丁，備用。

3 將薑片、素高湯放入湯鍋中，以中火煮沸，放入做法 2、紅蘿蔔球，以中火煮約 10 分鐘，撈起，倒入容器。

4 放入香菇粉、鹽調味，倒入碗裡，加入水蓮，即可食用。

山藥三丁盅

豐盛的食療美味，與家人一起分享

材料

山藥	200公克
小花菇	50公克
蓮子	10顆
黃茸	100公克
素高湯	60CC
枸杞	10公克
生薑	1片

調味料

鹽	1小匙
香菇粉	1小匙

做法

1 山藥削皮，洗淨，切丁；小花菇泡水，切丁；蓮子泡水 20 分鐘，用牙籤剔除芯；黃茸洗淨，泡水，備用。

2 全部的材料放入大盅中，加入鹽、香菇粉，取保鮮膜包口密封。

3 將大盅放入蒸籠（需事先預熱至蒸氣跑出來），以大火蒸 10 分鐘後，再轉小火蒸約 20 分鐘，取出，即可食用。

羅漢食養湯

鮮味時蔬的組合，健康又營養的美味

材料

猴頭菇	100公克
草菇	40公克
竹笙	50公克
碧玉筍	1支
皇帝豆	20公克
紅蘿蔔球	5顆
百合	50公克
白果	50公克
栗子	20公克
老薑片	4片
素高湯	1000CC

調味料

鹽	1小匙
香菇粉	1小匙

做法

1 猴頭菇泡水至軟，放入滾水中氽燙，擠出多餘水分，連續重複動作 3 次，再切成塊狀。

2 竹笙泡軟，洗淨；碧玉筍洗淨，切絲；草菇洗淨，與竹笙各切成小塊，放入開水略燙，撈起、瀝乾水分，備用。

3 素高湯倒入湯鍋中，加入其他的材料，以大火煮約 15 分鐘，再轉小火煮約 5 分鐘，放入鹽、香菇粉拌勻，即可食用。

八寶芋泥

大廚特製的經典祕方，令人懷念的甜蜜好滋味

材料 A
芋頭·······················250公克

蓮子·······················20公克
蜜金棗、綠豆沙··30公克

材料 B
紅豆、鳳梨·············30公克
桂圓、黑蜜棗·······20公克
葡萄乾、梅子·······10公克

調味料
椰子油·····················1大匙
鹽·····························少許
白糖、玉米粉·········1大匙

做法

1　芋頭削皮，放入蒸籠（需事先預熱至蒸氣跑出來）以中火蒸軟，取出，壓成泥狀。

2　將芋泥、全部的調味料放入容器攪拌均勻，備用。

3　取一個乾淨的飯碗，先鋪上保鮮膜，底層擺入材料 B（綠豆沙可以放在當成中間的餡料），再放入芋泥，壓平。

4　用保鮮膜封口包好，移入蒸籠中，以小火蒸約 20 分鐘，取出，即可食用。

紫山藥燕麥鍋餅

老少咸宜的健康美食，一口又一口停不下來

材料

紫色山藥泥	200公克		
有機燕麥片	100公克		
麵粉	200公克		
水	150CC		
薑黃粉	少許		

調味料

椰子油	1大匙
鹽	少許
白糖	1大匙
白芝麻	少許

做法

1 山藥泥放進 15×12 公分的長方型塑膠袋中，鋪平，備用。

2 將燕麥片、麵粉、水、薑黃粉、鹽、白糖放入容器中攪拌均勻，即成麵糊。

3 取炒鍋加入椰子油（均勻分散於整個鍋面），再以紙巾吸去多餘的油分。

4 將麵糊倒入鍋中，輕輕轉動鍋子，以小火，煎成一張薄薄的麵皮。

5 將塑膠袋邊切開，平整取出山藥泥，放在麵皮中央，往內折（包住山藥泥），接合處，可用少許的麵糊黏住。

6 炒鍋再加入少許的椰子油，放入做法 5，以小火煎成金黃色，取出，撒上白芝麻，即可切塊享用。

美味密瓜包

跨國界必學的超人氣甜點，美味指數破表

材料

中筋麵粉	600公克
小蘇打粉	1大匙
乾酵母粉	10公克
溫水	350CC
南瓜泥	100公克

內餡材料

現成哈密瓜餡	500公克

調味料

砂糖	80公克
油	30公克

做法

1 酵母粉加入溫水拌勻，靜放 10 分鐘至溶化；哈密瓜餡切小塊。

2 將全部的材料、砂糖、油放入容器攪拌均勻，即成麵糰狀，靜置約 1 小時（待麵糰成為 1 倍大）。

3 將麵糰揉成表面光滑狀，再切小塊搓成長形，切段，壓扁，平，即成為密瓜包的皮料。

4 取適量的皮料，中間放入哈密瓜餡，再捏成圓形的包子狀，依序全部完成。

5 將密瓜包靜置 30 分鐘後，放入蒸籠（需事先預熱至蒸氣跑出來），以大火蒸 8 分鐘，即可取出享用。

材料

綠豆	1/4杯
薏仁	1/4杯
麥片	1/4杯
長糯米	1/4杯
烤過核桃	50公克
豆奶	200CC
水	12杯

調味料

| 冰糖 | 1大匙 |

做法

1 綠豆、薏仁、麥片、長糯米分別洗淨，備用。

2 綠豆泡水 1 小時以上，再放入蒸籠（需事先預熱至蒸氣跑出來），以大火蒸約 1 小時。

3 薏仁、麥片、長糯米分別泡水 30 分鐘以上，撈起，放入電鍋的內鍋，再倒入水 12 杯，再放入外鍋水 1 杯半，按下開關蒸煮至熟，取出。

4 將蒸好的材料全部放入果汁機中，再加入烤過核桃、豆奶、冰糖，打成泥狀，即可享用。

甜品

冰糖雜穀奶

完美的黃金比例，冷食熱飲皆超級養生又美味

美味堅果棒

帶有堅果香風味的纖果棒，營養與美味皆滿分

材料

有機燕麥片·········150公克
山核桃·················80公克
椰棗·····················200公克
藍莓乾·················40公克
白芝麻·················少許

調味料

楓糖·····················60公克
花生醬·················60公克

做法

1 烤箱預熱 180 度約 10 分鐘，放入燕麥片、山核桃烤約 10 分鐘。

2 椰棗放入食物調理機打碎，放入燕麥片、山核桃攪拌。

3 再加入已加熱的楓糖、花生醬、藍莓乾一起攪拌，即成餡料。

4 準備一長盤，放入餡料壓平，撒上白芝麻，移入冰箱冷凍約 20 分鐘後，取出，切塊，即可食用。

香蕉巧克力糕（無奶蛋）

簡單做健康吃，招牌下午茶點心，浸潤人心的好滋味

材料

亞麻仁	15公克
香蕉	400公克
食用小蘇打粉	2小匙
肉桂粉	1小匙
麵粉	150公克
有機燕麥片	40公克
杏仁粉	50公克
純黑巧克力	40公克

調味料

楓糖	60公克
海鹽	1/2小匙
椰子油	60公克
花生醬	60公克
水	80CC

做法

1 烤箱預熱 190 度約 10 分鐘，烤盤內側抹一層薄油，放入烤模紙杯。

2 準備一大碗，放入亞麻仁、水靜至約 5 分鐘。

3 香蕉壓成泥與小蘇打粉、亞麻仁水混合。

4 加入肉桂粉、楓糖、海鹽、椰子油（需融化放入攪拌）、花生醬。

5 加入麵粉、燕麥片、杏仁粉攪拌均勻，放入巧克力輕輕拌勻，倒入烤模紙杯。

6 移入烤箱，以 190 度烤約 20 分鐘，取出，放涼，即可食用。

Family健康飲食HD5043X

國際素食廚神傳授50年廚藝美味祕笈〔暢銷珍藏版〕

作　　者／洪銀龍
協力製作／洪政裕
選　書　人／林小鈴
主　　編／陳玉春‧潘玉女

行銷經理／王維君
業務經理／羅越華
總　編　輯／林小鈴
發　行　人／何飛鵬
出　　版／原水文化
　　　　　台北市民生東路二段141號8樓
　　　　　電話：（02）2500-7008　傳真：（02）2502-7676
　　　　　網址：http://citeh2o.pixnet.net/blog　E-mail：H2O@cite.com.tw
發　　行／英屬蓋曼群島商家庭傳媒股分有限公司城邦分公司
　　　　　台北市中山區民生東路二段141號2樓
　　　　　書虫客服服務專線：02-25007718；25007719
　　　　　24小時傳真專線：02-25001990；25001991
　　　　　服務時間：週一至週五9:30～12:00；13:30～17:00
　　　　　讀者服務信箱E-mail：service@readingclub.com.tw
劃撥帳號／19863813；戶名：書虫股份有限公司
香港發行／香港灣仔駱克道193號東超商業中心1樓
　　　　　電話：852-25086231　傳真：852-25789337
　　　　　電郵：hkcite@biznetvigator.com
馬新發行／城邦（馬新）出版集團41, Jalan Radin Anum, Bandar Baru Sri Petaling,
　　　　　57000 Kuala Lumpur, Malaysia.
　　　　　電話：603-905-78822　傳真：603- 905-76622
　　　　　電郵：cite@cite.com.my

城邦讀書花園
www.cite.com.tw

美術設計／紫宇設計工作室
封面設計／許丁文
攝　　影／徐榕志（子宇影像）
製版印刷／科億資訊科技有限公司
初　　版／2018年7月10日
初版6.5刷／2020年11月11日
修訂一版／2022年1月13日
修訂版2.5刷／2023年5月12日
定　　價／550元
ISBN：978-626-95643-2-3 (平裝)
有著作權‧翻印必究（缺頁或破損請寄回更換）

國家圖書館出版品預行編目資料

國際素食廚神傳授50年廚藝美味 笈／洪銀龍著.
-- 修訂一版. -- 臺北市：原水文化出版：英屬蓋曼
群島商家庭傳媒股份有限公司城邦分公司發行,
2022.01
　面；　公分. -- (Family健康飲食；43X)
ISBN 978-626-95643-2-3(平裝)
1.CST: 素食食譜
427.31　　　　　　　　　　　　110022507

天然・原味・健康・專業級優質鍋具
Paruah帕路亞・無水無油無鹽健康鍋

銅炒鍋（單把）

銅炒鍋（單把）

銅大萬用鍋（雙耳）

銅小萬用鍋（雙耳）

銅平底鍋（單把）

銅湯鍋（單把）

銅深湯鍋（雙耳）

高效能節能版

礦石不沾炒鍋

礦石不沾平底鍋

炒鍋（雙耳）

大蒸鍋（雙耳）

最適合素食與健康飲食的烹調
輕鬆煮出好味道，全家吃得安心又健康

工藝精粹的健康好鍋

特色1：鍋具一型成型，無加一層厚底盤，導熱快速均勻，加蓋後還可保溫三小時。

特色2：可無水無油，不黏鍋烹調，適合各種煎煮燉煮任何的食材，簡單煮健康吃。

特色3：受熱時間比一般鍋具快一倍，以720度雙循環快速煮熟，節能又方便。

特色4：完整將食物的美味與養分鎖住，保持的原味及營養素，讓全家天天健康吃。

以法蓮企業有限公司（營業時間：週一至週五8:30-17:30）
www.paruah.com.tw｜信箱 paruahbest@yahoo.com.tw
電話 02-2288-6243｜新北市蘆洲區信義路222巷53-2號
服務專線：0800-202-070、(02)2288-6243

【Line】

〔 **Paruah帕路亞・義式手工雪銅鍋** 〕

凡憑本券至本公司，可享以下優惠

★ Paruah不鏽鋼鍋5,000元折價優惠。

★ Paruah義式手工雪銅鍋一組3支，原價30,000元，超值優惠價19,800元。

★ Paruah礦石不沾鍋1,000元折價優惠。

★ Paruah高效能節能板（解凍、聚熱、保溫）原價2,280元，超值優惠價1,200元。

【Line】

※注意事項

★ 活動時間：即日起至 2022 年 12 月 31 日止。

★ 本活動不同項目不能與其它優惠合併使用。

★ 本券以正本為憑，影印無效。

★ 主辦單位保有活動修改、中止權利。

以法蓮企業有限公司（營業時間：週一至週五8:30-17:30）

www.paruah.com.tw ｜ 信箱 paruahbest@yahoo.com.tw

電話 02-2288-6243 ｜ 新北市蘆洲區信義路222巷53-2號

服務專線：0800-202-070、(02)2288-6243

素食界廚神
傳授
天天愛吃健康素

內容簡介

洪銀龍師傅，是台灣第一家素食餐廳的金牌名廚。本書裡的食譜，是眾多名人老饕口碑相傳的招牌素，透過食材作法圖解，你也可以輕鬆當全家人的健康大廚！

- 高纖、低油、少鹽，素食大師不藏私分享──
- 32種基礎調味料
- 13種健康素醬料
- 8種素食材DIY
- 8種健康烹調法
- 97種素食材採買、處理及保存技巧
- 80道養生小菜／主食／主菜／湯羹／點心
- 238招大師傳授好吃／健康烹調秘笈
- 60家台灣素食材料理採購指南

- 出版日期：2014-05-23
- 規格：平裝／全彩／208頁／17cm×23cm

本書章節

【PART1】我的素食之路
- ·10歲開始小板凳墊腳下，拿鍋鏟做菜
- ·我成了台灣第一家素食餐廳主廚
- ·廚藝比賽年年拿獎杯
- ·全家吃素，孩子個個是素食大廚
- ·讓名人老饕愛上素食的餐廳

【PART2】大師不傳的健康美味祕訣大公開
- ·大師不傳的必備調味料大公開
- ·大師不傳的素醬料DIY大公開
- ·大師不傳的素材料DIY大公開
- ·大師不傳的健康烹調法大公開

【PART3】洪師傅的美味健康素
- ·小菜篇·蜜汁芝麻脆絲、紅燒杏鮑菇烤麩、柚香糖醋蓮藕片等10道
- ·主食篇·過橋青蔬素米線、養生五穀粥、招牌香椿炒飯等10道
- ·主菜篇·蟹黃猴頭菇、五味柚香果盅、迷迭香碳烤野味等10道
- ·湯羹篇·田園蔬菜濃湯、巴西蘑菇燉鍋、翡翠豆腐素鮑湯等10道
- ·點心篇·紅蓮水梨銀耳甜湯、薄荷水果奶撈、海苔芥末章魚燒等10道